手 作 正 統 派
最 佳 教 科 書

花漾美感 手作餅乾美化技法

Craive Sweets Kitchen　熊谷裕子

U0073381

瑞昇文化

C O N T E N T S

STEP 1 簡單創意，基本款小餅乾也能美麗變身
從3種基本麵糊開始做起 ……… 13

關於材料

＊砂糖使用上白糖或精白砂糖都可以。若
特別指定「糖粉」或「精白砂糖」，請依
指示使用。
＊鮮奶油，請使用動物乳脂肪含量35%或
36%的鮮奶油。
＊揉麵團時以高筋麵粉作為手粉。若手邊
沒有高筋麵粉，使用低筋麵粉也可以。

關於器具

＊請依材料份量使用適合的攪拌盆、打蛋器。份量少
卻使用過大的攪拌盆，可能無法順利打發蛋白，也無
法充分攪拌麵糊。
＊事先將烤箱預熱至指定的溫度。
＊烤焙時間與溫度會依各家烤箱的機種而有所不同，
務必視烤焙情況自行加以調整。
＊書中使用的模具與盛裝餅乾的禮盒都可以在烘焙原
料店等購得。

c o l u m n
【 旅行中邂逅世界各國餅乾 】

兼具味覺與視覺！
來做精緻的
手工餅乾吧！

　　餅乾耐放又易於攜帶，是非常適合用來送禮的甜點。但是，將出爐的餅乾直接上桌，無論是款待客人或致贈親友，似乎稍嫌不夠體面。

　　因此本書將為大家介紹一些技巧，從裝飾外表、添加風味粉、組合不同麵團等方式著手，只要多費點心思，就能同時提升視覺與味蕾的享受。現在就讓我們以創作出不輸飯店、甜品專賣店等級的「精緻餅乾」為目標！

打造視覺饗宴的訣竅

餅乾要做得美味可口又賞心悅目,最重要的訣竅就是「既講究又細心地進行每一個步驟」。對製作甜點已經得心應手的您,不妨再重新溫習一遍吧。

成型

餅乾要兼具視覺與味覺,塑型方面絕對不可馬虎。粗細一致、線條筆直,多費點功夫就能使烘焙成品勻稱又形美。另一方面,麵團先冷卻再塑型,烤好的餅乾較不易塌陷,外觀也較為完整漂亮。

「反正最後還會裝飾,形狀不要太醜就好。」這種偷工減料的態度絕對大大NG!想要有美麗的成果,講究且謹慎的塑型也是極為重要的一個步驟。

製作麵糊

想要有鬆脆的口感,就不要過度揉捏麵團;想以擠花方式成型,就要充分攪拌麵糊到滑順狀態,不同的食譜會有不同的製作訣竅。請大家務必先確認各種麵團的製作訣竅,然後再開始著手製作。

使用食物調理機較手工攪拌來得省時,麵團狀態也較佳。選用適宜的製作器具,有助於提升成品色香味的完成度。

烤焙

烤焙至表面呈金黃色、烤焙顏色較淺、使用低溫乾燥,完全不見烤焙顏色等等,不同類型的麵團會有不同的烤焙方式,而呈現出來的烤焙狀態也會不一樣。

食譜上僅簡單記載烤焙時間與溫度,實際操作時還是必須視烤箱機種加以調整火力強弱,並且隨時確認餅乾烘焙狀況,進行微調。

裝飾

餅乾出爐後以果醬、巧克力裝飾、篩上糖粉,以各種方式增添口感與風味。即便是最後的塗抹巧克力醬等收尾工作,都不可以馬虎了事,一定要非常講究且細心地堅持到最後一刻!

美味烘焙的
基本材料

無鹽奶油

奶油具有使餅乾酥脆的功用，奶油比例愈高，口感愈酥脆。另一方面，奶油的油脂會包覆低筋麵粉粒子，比較不易形成麩質。奶油若融化成液體狀，這種效果會減弱，因此不要過度融化奶油，只需軟化至一定程度就好。

使用食物調理機的話，可將固體狀奶油直接放進去攪拌，如此一來就能簡單做出酥脆口感的麵糊。

澱粉類
（玉米粉、澄粉等）

以玉米粉（玉米澱粉）、澄粉（小麥澱粉）取代部分低筋麵粉，餅乾的口感會更加鬆脆。這是因為澱粉會切斷麩質，使低筋麵粉不易出筋。但如果全用澱粉製作餅乾的話，餅乾不易成型，硬度也會不夠。務必搭配低筋麵粉和澱粉一起使用。

低筋麵粉

餅乾吃起來要脆，主角就是低筋麵粉。只要烤透，就不會有粉味，香氣也會慢慢散發出來。麵粉加水攪拌會出筋，也會產生黏性，黏性愈強，烤出來的餅乾會變硬甜。若想烤出鬆脆口感，訣竅就在於不要過度攪拌，要降低麵團的黏性。我個人偏好使用日清製粉的低筋麵粉「Ecriture」，採用100%法國產的小麥，烤出來的餅乾鬆脆無比。

水分

將牛奶或雞蛋等水分加入低筋麵粉和奶油中，才有辦法慢慢揉成麵團，烤出來的餅乾也才有一定的硬度。水分過多，不僅無法揉捏成型，烤出來的成品也不漂亮。另一方面，粉料與水加在一起後，若攪拌過度，烤焙時容易變硬，所以要特別留意勿過度攪拌。

糖粉以外的糖類

楓糖漿和黑糖能夠增添獨特風味與香氣，但以這兩種糖完全置換掉糖粉的話，味道可能過於強烈，建議與糖粉摻雜在一起使用。顆粒狀的糖不易溶解在麵糊中，而且容易留下糖粒，因此使用粉末狀的糖較為合適。

糖粉

糖粉是純度較高的精白砂糖磨成粉末，口感較輕脆、甜度也較高雅。因白砂糖比較濕潤，製作餅乾時使用糖粉較為合適。

砂糖不僅可以增加甜味，還具有烤焙後上色與增添香氣的功用。若為了降低甜度而大量減少砂糖用量，烤出來的餅乾會偏白，無法呈現美味的烤焙金黃色。

美麗的裝飾 &
風味材料

果醬

　　果醬可用於餅乾的夾層、裝飾，也可作為淋醬，一次搞定色香味。想要塗抹得薄又均勻，可於烘焙原料店購買已過篩的果醬。若沒有已過篩的果醬，也可以自行使用篩網過篩後使用。

　　一般最常使用的是帶點微酸的杏桃果醬。想要增添紅色鮮豔色彩時，可以改用樹莓果醬。

防潮糖粉
（裝飾糖粉）

　　一般糖粉的外表若多披覆一層油脂，就稱為防潮糖粉。這種糖粉比較不會因吸收水氣而受潮。防潮糖粉用於裝飾，不與麵糊攪拌在一起使用。可與抹茶粉、草莓粉等有繽紛色彩及迷人香氣的風味粉攪拌在一起使用，撒滿整塊餅乾也非常漂亮。另外，防潮糖粉因外表多披覆了一層油脂，甜度通常較一般糖粉低。可於烘焙原料店裡購買。

披覆用巧克力

　　製作甜點專用的巧克力稱為「調溫巧克力」，使用前需要先調節溫度。但為了節省時間與精力，通常會改用加了卵磷脂等油脂的巧克力，而這種巧克力稱為「披覆用巧克力」（非調溫巧克力），只需要融化，即可直接淋在餅乾上。

　　烘焙原料店裡除了黑巧克力、牛奶巧克力、白巧克力外，還買得到抹茶、草莓、檸檬等加了獨特風味的披覆用巧克力。氣溫較高的季節裡，請將巧克力置於冰箱冷藏室裡保存。

抹茶、即溶咖啡、
焙茶粉

　　只要在麵團裡加入茶類等粉料，就能輕輕鬆鬆增添風味，非常方便。風味粉料一旦開封，香氣容易散發，所以若未一次使用完畢，請置於冰箱冷藏或冷凍，並且盡早用完。

金箔糖、銀箔糖

　　巧克力淋醬上撒一些裹有金箔或銀箔的糖珠，餅乾頓時變得金碧輝煌，豪華富麗。可於烘焙原料店裡購買。

堅果、水果乾

　　將堅果、水果乾裝飾於餅乾上，增添口感與酸甜風味，外觀也會因此變得更加華麗。使用已放置一段時間的堅果或水果乾，香氣與顏色會較差，因此務必使用新鮮食材。同樣的，若未一次使用完畢，請妥善密封並置於陰涼處或冰箱冷藏室裡保存。

冷凍乾燥草莓粉

　　將新鮮的草莓冷凍，然後研磨成粉。可與防潮糖粉攪拌在一起，撒在餅乾上；可與披覆用白巧克力攪拌在一起，為餅乾換上新裝，還可以增添一股天然的草莓香氣。冷凍乾燥草莓粉容易受潮，所以開封後要盡早使用完畢。可於烘焙原料店裡購買。

精緻度升級的
妝點技法

以堅果、
水果乾妝點

堅果或水果乾能為餅乾增添華麗色彩與迷人口感。若將水果乾一起放進烤箱烤焙，
容易烤焦，建議餅乾出爐之後再以巧克力或果醬作為黏著劑妝點在餅乾上。

放進烤箱前，將切碎的堅果撒滿麵團，
直到看不見麵團表面為止。甩掉多餘的
堅果後，麵團會布滿香氣迷人的堅果。
輕輕甩掉多餘堅果時，小心不要破壞麵
團外型。

將整顆堅果妝點在烤好的餅乾上時，要
事先烘烤堅果。核桃、杏仁等顆粒較大
的堅果，以180度C的烤箱烤焙8～10
分鐘；榛果等則烤焙6～7分鐘。烤焙時
間依堅果大小加以調整，大約烘烤至中
間部位呈淡淡金黃色的程度就好。

要將堅果放在麵團上一起送進烤箱烤焙
時，請使用生堅果。烤焙麵團的同時也
烘烤堅果，讓香氣滲透至麵團裡。配合
餅乾大小與整體外觀，將堅果切成適當
大小。

塗抹蛋液

塗抹蛋液（Dorure），指的是在麵團上塗抹打散的蛋液，這是一種幫餅乾增色添光澤的技法。若使用全蛋，水分會過多，所以通常都以蛋黃加上少量水或蛋白調製。為了易於塗抹，有時也會加入少許鹽巴去除蛋筋，或者為了凸顯烤焙後的金黃色而加入少許砂糖。另外，也可以添加泡得較濃的即溶咖啡，既可增色亦可添香。

塗抹得太薄或太厚，烤出來都不會漂亮。

2 塗抹好蛋液後，以竹籤或叉子前端刻畫花紋，烤好時美麗圖案就會浮現。另外，刻畫花紋時，同樣盡量放平竹籤或叉子，不要用力刺進麵團中。

1 盡量讓毛刷平貼餅乾，均勻地將蛋液塗抹在整個表面。

塗刷杏桃果醬

塗刷杏桃果醬，增添光澤感的技法。請使用已經過篩，不含果肉的果醬（請參照P.7）。想要呈現紅色或莓果風味時，建議改用樹莓果醬。含水量高的果醬不易塗抹，所以不適合用在這裡。若想凸顯色彩，可用少許水溶解食用色素，再塗刷於餅乾表面。

反覆塗刷好幾次，或者使用冷卻凝固的果醬塗刷，這些都是果醬過於厚重且造成顏色斑駁不均的原因。不僅影響外觀，果醬的甜度也會過於濃郁。若果醬因冷卻凝固，可加入少許的水再次加熱，但要特別注意，水加得太多，餅乾容易潮濕。

2 放平毛刷，在餅乾上薄薄的塗抹果醬。烤出來要漂亮，就要薄薄的且迅速的塗抹一層，千萬不要反覆塗得又厚又黏糊。果醬冷卻會變黏稠，這時請再次加熱，同樣融化成液體狀後再使用。但因為溫度高，使用時請小心不要燙傷。

1 果醬一旦冷卻會呈果凍狀，所以先將果醬裝在稍大的耐熱容器中，放進微波爐裡加熱，變成液體狀且稍微沸騰後再使用，並且於凝固之前盡快塗刷好。

裹粉

這是一種將糖粉如細雪般撒在餅乾上的技法。餅乾會隨時間經過而出油，若撒上一般糖粉，糖粉會遇油而逐漸溶解，所以建議使用裝飾用不易受潮的防潮糖粉（請參照P.7）。糖粉遇熱會溶解，所以務必待餅乾放涼後再撒上。

餅乾整體都撒上糖粉時，可將數個餅乾與防潮糖粉一起裝入塑膠袋中，然後輕輕搖晃塑膠袋直到餅乾完全裹上糖粉。若餅乾易碎，就將餅乾和糖粉一起放在攪拌盆中，用手輕撥糖粉直到餅乾全部裹上糖粉。

切記要從高處撒上糖粉，因為太靠近餅乾的話，恐糖粉會集中在定點。若使用茶葉濾網的話，建議以手指邊輕敲邊撒。輕薄撒上一層，或者撒到表面一片雪白，餅乾外觀會因糖粉的用量而給人截然不同的感受。

要撒得漂亮又均勻，建議使用茶葉濾網等篩子。另外也有糖粉篩罐等專用工具。

可將防潮糖粉與抹茶粉、冷凍乾燥草莓粉攪拌在一起，增添餅乾的色彩與風味。

巧克力披覆

這是一種讓單調的餅乾瞬間變高雅的技法。披覆用巧克力（請參照P.7）不耐高溫，過熱容易變質，務必使用隔水加熱方式融化巧克力，並且注意勿讓溫度超過45度C。

1 小鍋裡加入少量水，開火加熱。一沸騰就熄火，將裝有披覆用巧克力的攪拌盆放入小鍋裡。在不開火加熱的狀態下，攪拌巧克力至滑順狀。若鍋裡的水不小心溢入攪拌盆中，盆裡的巧克力便無法使用，請務必謹慎處理。

2 將烤好的餅乾浸在融化成流體狀的巧克力醬中，輕輕甩掉多餘的巧克力醬，置於烘焙紙上，連同烘焙紙一起放進冰箱冷藏室中冷卻凝固。請特別留意，過度甩動的話，餅乾可能會碎裂。

融化巧克力時，若巧克力溫度上升過高，當巧克力再次冷卻凝固時，表面會形成小小的白斑，稱為油斑（fat bloom）。

若不甩掉多餘的巧克力醬，一旦置於烘焙紙上凝固，便無法呈現餅乾原本漂亮又完整的外型。

裹糖衣

在餅乾表面塗刷一層薄薄的糖衣，乾燥後會呈現如霧面玻璃般纖細透明感的裝飾技法。這裡使用的糖衣，是在糖粉中加入檸檬汁、水、蛋白等水分，然後攪拌成糊狀。加入檸檬汁可呈現白霧狀；加入蛋白則可使糖衣迅速乾燥。

水分較多的糖水鏡面。

水分較少的皇家糖霜。

糖衣可分為水分較少，較黏稠且濃郁的「皇家糖霜（glace royale）」，以及水分較多，流動性大且稀薄的「糖水鏡面（glaces à l'eau）」2種。糖衣愈濃郁，成品愈白；愈稀薄的話，成品則會呈現半透明。

既要塗刷果醬，又要塗抹糖衣時，記得底層的果醬一定要塗刷均勻，否則表面的糖衣會凹凸不平。另外，為避免甜度過高，果醬和糖衣都薄薄一層就好。塗抹時抹刀盡量貼平餅乾，迅速且薄薄的塗抹。

可以在塗刷完果醬後再塗抹一層糖水鏡面。以烤箱稍微烘烤，就會呈現透明感。

簡單創意，
基本款小餅乾也能美麗變身

從3種基本麵糊
開始做起

打好基本功夫，是做出造型美口味佳餅乾的捷徑。首先，中級者
請從多變切模類型、冰箱小西餅類型、造型擠花類型等3種基礎麵
糊開始做起。找回手感，確認能夠完美呈現這三種基本款後，再試
著從增添風味、改變造型等方法著手，製作豐富又多樣化的手工餅
乾。即便是最簡單且最基本的麵糊，只要在塑型與裝飾上多費點心
思，呈現出來的成果必定是一場全新的視覺饗宴。

多變切模類型

使用擀麵棍壓平麵團,再以各種切模壓切形狀的類型。
要把麵團擀得薄又均勻且出爐時不會碎裂,最適合的是水分少又帶點硬度的麵團。
攪拌麵團時要避免空氣跑進去,如此一來才不會因麵團過度膨脹而導致餅乾變形。

基礎麵團製作步驟

1單位的基本材料

低筋麵粉	70g
糖粉	25g
杏仁粉	25g
無鹽奶油	50g
牛奶	4g

4 慢慢攪拌至沒有粉末,呈濕潤鬆發狀就完成了。若有結塊或呈滑順泥糊狀的情形,就是攪拌過度,做出來的餅乾會過黏過硬。

1 在食物調理機中倒入不過篩的低筋麵粉、糖粉和杏仁粉,然後再加入依然呈固體狀的奶油,攪拌至細末狀態。

2 若依然有奶油顆粒,繼續攪拌至沒有顆粒的鬆發狀。

5 測試攪拌程度。取少量麵糊在手上,握緊能夠捏成一團就OK了。若握緊後無法成型,繼續再攪拌一下。

3 以繞圈方式加入牛奶,然後反覆開關食物調理機,一點一點慢慢攪拌。

P o i n t

加入牛奶後,不要持續攪拌,要以反覆開關調理機的方式一點一點慢慢攪拌。剛開始是粉末狀,但隨著攪拌會逐漸變成鬆發狀。

6 將麵糊裝進塑膠袋中揉捏成一團。壓成1cm左右的厚度，放進冰箱冷藏室醒麵至少1個鐘頭。醒麵可以使麵團更紮實，更容易擀壓。

7 在烘焙紙上撒些手粉（另外準備），以擀麵棍擀平成18cm×18cm大小的麵皮，再次放進冰箱冷藏室醒麵20分鐘左右，或者冷凍庫10分鐘左右。

沒事先冷卻麵皮就壓切形狀的話，移動至烤盤時容易變形或裂開。在麵皮變軟之前，迅速完成壓切作業，這也是重要訣竅之一。將剩下的麵皮再次以保鮮膜包覆，放進冰箱冷藏室醒麵，然後以同樣方式擀平、壓切形狀、烤焙。

8 使用直徑4.5cm菊花切模壓切形狀，如圖所示，壓切麵皮時盡可能一個接著一個，如此才能節省空間。另外，壓切前先將擀平的麵皮自烘焙紙上拿起再放下，成型的菊花麵皮比較不會緊緊黏在烘焙紙上。將菊花麵皮排列在鋪有烘焙紙的烤盤上，每一片之間要相隔一定的距離。

9 放入已預熱180度C的烤箱中烤焙10～12分鐘，直到餅乾整體呈美麗的金黃色。

Point

盡可能厚薄一致，烤出來的顏色才會均勻。另一方面，冷卻過的麵皮在切模時比較不容易變形。

不使用食物調理機的情況下……

奶油放室溫下回軟，使用打蛋器攪拌至滑順。加入糖粉一起翻攪，然後再加入牛奶、杏仁粉，以打蛋器攪拌均勻。篩入低筋麵粉後，改以橡皮刮刀拌合至沒有粉末殘留且拌成一團。同樣將麵團裝入塑膠袋中，放進冰箱醒麵備用。

Harlequin
小丑

雙色果醬加上檸檬風味的糖衣，色彩鮮豔迷人。讓簡單的切模餅乾像多采多姿的小丑一樣，變身成色彩豐富的普普風餅乾。

3 將糖粉與檸檬汁攪拌在一起，製作糖水鏡面，請參照P.12在餅乾上薄薄裹上一層糖衣。請注意抹刀的使用力道，小心不要刮花果醬。

4 將壓切成型的麵皮整齊排列在鋪有烘焙紙的烤盤上。放入已預熱180度C的烤箱中烘乾1分30秒～2分鐘。若烘烤過久的話，糖衣會沸騰，餅乾表面就會乾巴巴。

材料　大約15片份量
使用直徑4.5cm圓形切模、瑪格麗特菊切模
基礎多變切模類型麵團
（參照P.14）‥‥‥‥‥‥‥‥1單位
刨絲檸檬皮‥‥‥‥‥‥‥‥‥1/3個
杏桃果醬、樹莓果醬（過篩類型）‥適量
糖粉‥‥‥‥‥‥‥‥‥‥‥‥30g
檸檬汁‥‥‥‥‥‥‥‥‥‥‥6g

製作方法

1 請參照P.14烤焙餅乾。加入牛奶的同時順便加入刨絲檸檬皮。

2 請參照P.9塗刷杏桃果醬。圓形餅乾上一半塗刷杏桃果醬，一半塗刷樹莓果醬。瑪格麗特菊餅乾則塗刷一種顏色就好。

草莓巧克力

1 融化披覆用白色巧克力，視顏色變化慢慢地加入冷凍乾燥草莓粉。

2 用湯匙將調色好的巧克力舀進圓洞中，上頭再以小紅莓乾、冷凍乾燥草莓片、銀色糖珠裝飾。

大理石花紋麵團

1 將原味麵團與咖啡麵團捏碎，隨意擺放在一起。建議以壓切用剩的麵團來製作。

2 以擀麵棍將兩種麵團擀在一起，擀成大約3～4mm的厚度。將沒有形成大理石花紋的部分切割下來，疊在麵團上，再次以擀麵棍擀平。以同樣方式壓切形狀，放進烤箱中烤焙。

材料 大約16片份量

使用直徑4.5cm菊花切模、直徑2.5cm圓形切模

基礎多變切模類型麵團（參照P.14）……… 1單位

披覆用巧克力

（黑巧克力、牛奶巧克力等隨意）……… 約50g

整顆杏仁、腰果 …………………………… 各16顆

開心果 ……………………………………… 8顆

※若要製作咖啡麵團，請在牛奶中加入3g即溶咖啡粉。

---

3 放入已預熱180度C的烤箱中烤焙12分鐘，使整體呈金黃色。

4 請參照P.11以隔水加熱方式融化巧克力，再以湯匙將融化的巧克力醬舀進圓洞中。一旦巧克力凝固，就黏不住上面的裝飾食材，建議一次處理2～3個就好。

5 在披覆用巧克力凝固之前，將杏仁、腰果、開心果裝飾在上頭，放進冰箱冷藏室裡冷卻凝固巧克力。凝固後裝進密封容器中，置於陰涼處或冰箱冷藏室裡保存。

製作方法

1 將杏仁與腰果放入已預熱180度C的烤箱中烘烤8～10分鐘。開心果切半。請參照P.14製作麵團，壓切形狀。但這裡要以擀麵棍將麵團擀成20cm×20cm大小的麵皮。

2 將壓切成型的麵皮排列在鋪有烘焙紙的烤盤上。以直徑2.5cm圓形切模在中間挖一個圓洞。若挖好圓洞才移至烤盤上的話，菊花麵皮恐會變形，所以先將菊花麵皮排列在烤盤上後再挖圓洞。

Sablée mendiant
蒙蒂翁·沙布蕾酥餅

「蒙蒂翁（mendiant）」是一種在硬幣形狀巧克力上，以堅果或水果乾裝飾的甜點。將蒙蒂翁與餅乾結合在一起，鬆脆口感更加升級。除此之外，這裡將另外為大家介紹結合原味麵團與咖啡麵團所製作的大理石花紋麵團。請大家試著依個人喜好，自由搭配不同口味的巧克力與裝飾用堅果、水果乾。

4 以微波爐加熱樹莓果醬至流體狀，趁熱塗抹在沒有挖圓洞的餅乾內側。若果醬冷卻，就再次加熱。

5 將**3**貼合在抹有果醬的餅乾上。

2 將葉片麵皮排列在鋪有烘焙紙的烤盤上，麵皮之間要相隔一定的距離。以直徑2cm圓形切模在其中5片葉片麵皮上各挖2個圓洞。挖好圓洞才移至烤盤上的話，葉片容易變形，所以請先將葉片麵皮排列在烤盤上後再挖圓洞。

3 放入已預熱180度C的烤箱中烤焙13～14分鐘，使整體呈金黃色。使用糖粉篩罐或茶葉濾網在挖了2個圓洞的餅乾上撒滿防潮糖粉。

林茲・沙布蕾酥餅

材料　大約5組份量

使用8.5cm×5cm葉子形狀切模、直徑2cm圓形切模

肉桂多變切模類型麵團

低筋麵粉	70g
糖粉	25g
榛果粉	25g
肉桂粉	少許
無鹽奶油	50g
牛奶	4g
樹莓果醬（有果粒也可以）	適量
防潮糖粉	適量

製作方法

1 請參照P.14製作麵團，壓切形狀。但這裡改以榛果粉取代杏仁粉，並且另外加入肉桂粉。使用擀麵棍將麵團擀成22cm×22cm大小的麵皮，然後再以切模壓切成型。剩下的麵皮揉成一團，重複同樣的擀平、壓切形狀作業，共製作10片葉片麵皮。

2 請參照P.11以隔水加熱方式融化巧克力，將半邊蝴蝶餅浸在巧克力醬中，甩掉多餘的巧克力醬。將蝴蝶餅排列在烘焙紙上，撒上金粉糖或銀箔糖，放進冰箱冷藏室中冷卻凝固巧克力。

製作方法

1 請參照P.14製作麵團，壓切形狀。低筋麵粉和杏仁粉、可可粉一起加進去。使用擀麵棍將麵團擀平成20cm×15cm大小的麵皮，然後再以切模壓切成型。將蝴蝶餅形狀的麵皮排列在鋪有烘焙紙的烤盤上。放入已預熱180度C的烤箱中烤焙14～15分鐘。

巧克力蝴蝶餅

材料　大約11片份量

使用直徑6cm附彈簧的蝴蝶餅切模

可可多變切模類型麵團

低筋麵粉	60g
糖粉	25g
杏仁粉	25g
可可粉	12g
無鹽奶油	50g
牛奶	4g
披覆用巧克力（黑巧克力或白巧克力）	適量
金粉、銀箔糖	適量

Sablée Linzer & Bretzel Chocolat
林茲・沙布蕾酥餅&巧克力蝴蝶餅

巧克力蝴蝶餅

林茲・沙布蕾
酥餅

林茲・沙布蕾酥餅是外型相當搶眼的果醬夾心餅乾。以榛果粉取代杏仁粉加入麵團中，另外再添加提升整體香氣的肉桂粉。巧克力蝴蝶餅則是在麵團裡加入可可粉，營造黑巧克力的品味。擀麵團時可以稍微將麵皮擀厚一些，部分以黑巧克力，部分以白巧克力披覆，增加視覺效果。

❧ Variation ☙

開心果

以1/3個刨絲檸檬皮取代巧克力製作麵團。在壓切成型的麵皮中央擺上開心果，放入烤箱中烤焙。以隔水加熱方式融化150g披覆用白巧克力，加入15g切碎的開心果，以同樣方式製作麵團。

草莓

以5g市售草莓脆片取代甜味黑巧克力製作麵團。烤焙5分鐘後，為避免餅乾烤成金黃色，將烤箱溫度降至170度C後再烤焙5分鐘。以隔水加熱方式融化披覆用白巧克力，慢慢加入冷凍乾燥草莓粉調色，然後再以同樣方式製作麵團。

可可

將低筋麵粉減少至60g，改加入12g可可粉製作麵團。在壓切成型的麵皮中央擺上熟可可粒，放入烤箱中烤焙。以同樣方法處理披覆用牛奶巧克力。

材料　大約20片份量
使用直徑4.5cm圓形切模、底部直徑5.5cm矽膠塔模
加入巧克力脆片的多變切模類型麵團
　基本切模類型麵團（參照P.14）‥‥‥‥‥‥‥‥ 1單位
　甜味黑巧克力（可可脂65～70%）‥‥‥‥‥‥ 10g
　披覆用巧克力（黑巧克力）‥‥‥‥‥‥‥‥ 約150g

製作方法

1 請參照P.14製作麵團，壓切形狀。在製作步驟 **4** 麵團呈鬆發狀時，加入切細碎的巧克力，使用食物調理機攪拌均勻。巧克力不切碎的話，麵團不易擀成薄片。將麵團擀成23cm×19cm大小的麵皮，再以圓形切模壓切成圓形麵皮。

2 將圓形麵皮排列在鋪有烘焙紙的烤盤上，麵皮之間相隔一定的距離。放入已預熱180度C的烤箱中烤焙10分鐘，使整體呈金黃色。

3 請參照P.11以隔水加熱方式融化巧克力，在每個塔模中倒入少量融化的巧克力醬後輕敲工作檯，使其平鋪。巧克力醬大約4mm厚。趁巧克力醬尚未凝固前，將 **2** 烤好的餅乾擺上去。

4 將餅乾用力向下壓，餅乾與巧克力醬的表面要齊高。放進冰箱冷藏室冷卻凝固，脫模後放入密封容器中，置於陰涼處或冰箱冷藏室裡保存。

沒有塔模的情況下，使用烘焙用蛋糕紙杯或鋁箔杯也可以。若使用紙杯或鋁箔杯，圓形切模的尺寸必須比紙杯、鋁箔杯的杯底小一號。

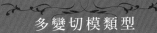
Roux roux
路克絲

將薄烤餅乾放在濃郁巧克力中。要享受薄脆的口感,巧克力要盡量薄又勻稱。只要改變不同的餅乾與巧克力的組合,就能衍生出種類豐富的手工餅乾。

冰箱小西點類型

揉成長條棒狀的麵團，冷卻凝固後再切小塊的類型。
如其名，先將麵團放進冷凍庫裡確實冰硬，
就可以將麵團分切得既漂亮又工整。
切片前撒上精白砂糖，出爐的餅乾不僅閃閃發亮，
口感也充滿變化。

基礎麵團製作步驟

4 慢慢攪拌至沒有粉末，呈濕潤鬆發狀就完成了。若有結塊或呈滑順泥糊狀，就是過度攪拌，做出來的餅乾會過黏過硬。

5 測試攪拌程度。取少量麵糊在手上，握緊能夠捏成一團就OK了。如果握緊後無法成型，繼續再攪拌一下。

1 在食物調理機裡倒入不過篩的低筋麵粉、糖粉與杏仁粉，然後加入依然呈固體狀的奶油，攪拌至細末狀態。

2 使用食物調理機繼續攪拌至沒有奶油顆粒的粉末狀。

3 以繞圈方式加入牛奶，然後反覆開關食物調理機，一點一點慢慢攪拌。

1單位的基本材料	
低筋麵粉	70g
糖粉	35g
杏仁粉	20g
無鹽奶油	45g
牛奶	6g
精白砂糖（裝飾用）	適量

Point

加入牛奶之後，不要持續攪拌，以反覆開關調理機的方式一點一點慢慢攪拌。剛開始是粉末狀，但隨著攪拌會逐漸變成鬆發狀。

10 使用菜刀切片，每片大約1cm厚。要特別注意，切片麵團的厚度要一致，烤出來的顏色才不會斑駁不均。將片狀麵團排列在鋪有烘焙紙的烤盤上，麵團之間要相隔一定的距離。

11 放入已預熱180度C的烤箱中烤焙10分鐘後，改170度C再烤焙5～7分鐘。烤到裡面整體呈金黃色，表面中心部位還有些留白。

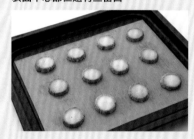

不使用食物調理機的情況下……

奶油放室溫下回軟，使用打蛋器攪拌至滑順。加入糖粉一起翻攪，然後再加入牛奶與杏仁粉，以打蛋器攪拌均勻。篩入低筋麵粉後，改以橡皮刮刀拌合至沒有粉末殘留且拌成一團。將麵團裝入塑膠袋中，放進冰箱冷藏室中醒麵30分鐘～1小時備用。

8 將棒狀麵團置於乾淨濕布上滾動，表面有點濕潤會比較容易沾黏精白砂糖。

9 將精白砂糖倒在鋪有保鮮膜的托盤上，再將棒狀麵團置於精白砂糖上滾動一圈，薄薄的均勻的裹上砂糖。

NG!

勿用力滾壓棒狀麵團，沾裹過多砂糖，烤焙時麵團會鬆軟變形。

6 將麵糊置於烘焙紙上，揉捏成一團。用力捏緊，擠出空氣的同時滾成長條棒狀。麵糊過軟不易成型時，先以塑膠袋包起來放進冰箱冷藏室醒麵30分鐘～1小時，冷卻過的麵糊比較容易成型。

7 將麵團滾成22cm長之後，輕輕撒上手粉（另外準備），以滾動方式調整粗細，並使麵團表面平滑。將棒狀麵團置於鋪有保鮮膜的托盤上，冷凍30分鐘～1小時。

Point

粗細合度的圓柱狀最為理想。麵團半結凍的情況下最容易切塊，完全結凍的話，會因為過硬而不易切塊。

2 將麵團等量分成兩份，分別用力捏緊，擠出空氣的同時揉捏成18cm長的長方柱狀，切面呈正方形。放入冰箱半結凍使麵團變硬，同P.25製作步驟 **8～9** 撒上精白砂糖，再切成9mm厚的片狀。放入已預熱180度C的烤箱中烤焙5分鐘後，改170度C再烤焙7～8分鐘。

製作方法

1 請參照P.24製作麵團。在製作步驟 **4** 麵團呈鬆發狀時，加入椰子細粉與切碎的開心果，使用食物調理機拌勻。

4 將杏仁餡填入塑膠製擠花袋中，前端剪開。在圓片狀麵團上擠一條直線。

5 縱向切開生杏仁，擺在杏仁餡上，稍微輕壓一下。放入已預熱180度C的烤箱中烤焙5分後，改170度C再烤焙7～8分鐘。

2 製作杏仁餡。室溫下回軟的奶油中依序加入砂糖、全蛋、杏仁粉，攪拌均勻。

3 同P.25製作步驟 **8～9** 撒上精白砂糖，再切成9mm厚的圓片狀，排列在烘焙紙上。

可可・開心果沙布蕾酥餅

材料　大約40片份量

基礎冰箱小西餅類型麵團
（參照P.24）⋯⋯⋯⋯⋯⋯ 1單位
椰子細粉 ⋯⋯⋯⋯⋯⋯⋯⋯⋯ 10g
開心果 ⋯⋯⋯⋯⋯⋯⋯⋯⋯⋯ 10g
精白砂糖（裝飾用）⋯⋯⋯⋯ 適量

※沒有椰子細粉，可以將椰子絲條切成細絲使用。

可可沙布蕾酥餅

材料　大約36片份量

基礎冰箱小西餅類型麵團
（參照P.24）⋯⋯⋯⋯⋯⋯ 1單位
熟可可粒 ⋯⋯⋯⋯⋯⋯⋯⋯⋯ 20g
精白砂糖（裝飾用）⋯⋯⋯⋯ 適量
杏仁餡
無鹽奶油 ⋯⋯⋯⋯⋯⋯⋯⋯ 10g
砂糖 ⋯⋯⋯⋯⋯⋯⋯⋯⋯⋯ 10g
全蛋 ⋯⋯⋯⋯⋯⋯⋯⋯⋯⋯ 10g
杏仁粉 ⋯⋯⋯⋯⋯⋯⋯⋯⋯ 10g
整粒杏仁 ⋯⋯⋯⋯⋯⋯⋯⋯ 適量

※購買熟可可粒時，可依「grill de cacao」這個商品名去尋找。

製作方法

1 以熟可可粒取代椰子細絲和開心果，與可可・開心果沙布蕾酥餅同樣方法製作麵團。將麵團等量分成兩份，分別滾成15cm長的圓柱狀，放入冰箱半結凍使麵團變硬。

Coco Pistache & Sablée Cacao
可可·開心果沙布蕾酥餅
& 可可沙布蕾酥餅

基礎麵糊上增添堅果香氣與顆粒外觀，兩種不同絕佳口感的沙布蕾酥餅。正方形的可可·開心果沙布蕾酥餅，椰子細絲搭配開心果，青翠草綠色亮麗點綴。可可沙布蕾酥餅搭配香氣迷人的熟可可粒，最後再以杏仁點綴。

可可·開心果沙布蕾酥餅

可可沙布蕾酥餅

磚瓦餅乾

材料　大約17片份量

加入可可粉的冰箱小西餅類型麵團

低筋麵粉	65g
可可粉	12g
糖粉	35g
杏仁粉	20g
無鹽奶油	45g
牛奶	6g
杏仁片	20g
甜味黑巧克力（可可脂65～70%）	10g
精白砂糖（裝飾用）	適量

1 請參照P.24製作麵團。將可可粉與粉料一起加進去，在製作步驟**4**麵團呈鬆發狀時，加入杏仁片與切碎的巧克力，使用食物調理機拌勻。要特別注意，若攪拌過度，杏仁片會變成粉末。

2 將麵團用力捏緊，擠出空氣的同時滾成14cm長的長條棒狀，然後再塑型為長14cm、寬6cm的長柱體。放入冰箱半結凍使麵團變硬，同P.25製作步驟**8**～**9**撒上精白砂糖，再切成8mm厚的片狀。放入已預熱180度C的烤箱中烤焙10分鐘後，改170度C再烤焙10～12分鐘。

斑馬餅乾

材料　大約20片份量

基礎冰箱小西餅類型麵團（參照P.24）…… 1單位

加入可可粉的冰箱小西餅類型麵團

低筋麵粉	22g
可可粉	4g
糖粉	12g
杏仁粉	7g
無鹽奶油	15g
牛奶	2g
杏仁碎	10g
精白砂糖（裝飾用）	適量

1 請參照P.24製作基礎麵團，取1/4份量，參照磚瓦餅乾製作可可麵團。這裡改以杏仁碎取代杏仁片與巧克力。

2 輕輕撒上手粉（另外準備），取3/4的基礎麵團和可可麵團分別以擀麵棍擀成18cm×15cm大小的麵皮。

3 將可可麵皮擺在基礎麵皮上，用擀麵棍將麵皮擀成邊長18cm的正方形。

4 將正方形麵皮分切成3等分。

5 將3塊麵皮整齊堆疊在一起。

6 撒點手粉在剩餘的基礎麵團上，用擀麵棍擀成18cm×6cm大小的麵皮，然後再整齊堆疊於**5**上方。放入冰箱半結凍使麵團變硬。

7 同P.25製作步驟**8**～**9**撒上精白砂糖，切成8mm厚的片狀。放入已預熱180度C的烤箱中烤焙10分鐘後，改170度C再烤焙10分鐘。

Brique & Zèbre
磚瓦餅乾 & 斑馬餅乾

黑巧克力風味的可可加上巧克力脆片
與杏仁片，外觀形同復古磚塊的磚瓦
餅乾。長方體外型，即便切塊也不會
變形，建議入門者可以嘗試看看。熟
練之後再試著挑戰製作搭配原味麵團
的斑馬餅乾。

磚瓦餅乾

斑馬餅乾

芋頭口味

抹茶口味

咖啡可可口味

Mélanger
麥嵐綺餅乾

色彩鮮豔的麵團搭配原味麵團，美麗有趣的圖案呈現在眼前。規則的圖案、隨性的花紋，不同組合帶來豐富的外觀與口感。而好吃的訣竅在於無論哪一種圖案，揉捏成型時要確實將空氣擠壓出去。

5 再重複一次**4**的步驟，但這次滾成16cm長的棒狀。各剩一半的麵團也以同樣方式滾成16cm長的長條棒狀。

6 放入冰箱半結凍使麵團變硬。同P.25製作步驟**8～9**撒上精白砂糖，再切成1cm厚圓片狀。放入已預熱180度C的烤箱中烤焙7分鐘後，改170度C再烤焙11分鐘。

2 捏碎兩種麵團（各一半的份量就好），再隨意排列在一起。

3 將隨意排列的麵團揉捏在一起，擠出空氣的同時滾成24cm長的長條棒狀。

4 將棒狀麵團摺成3等分，再次揉捏成一團，擠出空氣的同時滾成24cm長的長條棒狀。

咖啡可可口味

材料　大約30片份量

咖啡口味麵團
基礎冰箱小西餅類型麵團
（參照P.24）……………1單位
即溶咖啡粉……………………3g

可可口味麵團
基礎冰箱小西餅類型麵團
（參照P.24，低筋麵粉減為65g）……………1單位
可可粉……………………12g
精白砂糖（裝飾用）……………適量

製作方法

1 請參照P.24製作咖啡口味和可可口味麵團。製作咖啡口味麵團時，將即溶咖啡粉泡在牛奶裡。製作可可口味麵團時，將粉料與可可粉一起加進去。為了易於成型，每種麵團各等量分成兩份。

4 將其中半邊翻面，將兩個半邊的麵團緊靠一起。

5 用力捏在一起，擠出空氣的同時滾成16cm長的長條棒狀。各剩一半的麵團也以同樣方式成型。最後再如同咖啡可可口味的步驟 **6**，放進烤箱中烤焙。

2 將芋頭麵皮疊在基礎麵皮上，長邊切成3等分。

3 兩種麵皮堆疊在一起，然後短邊對半切。

芋頭口味

材料　大約30片份量

基礎冰箱小西餅類型麵團
　（參照P.24）····················· 2單位
芋頭粉（市售）····················· 8g
精白砂糖（裝飾用）············· 適量

製作方法

1 製作基礎冰箱小西餅類型麵團與加了芋頭粉的芋頭口味麵團各1單位。兩種麵團各等量分成兩份，各取一半揉捏成團。撒上手粉（另外準備），用擀麵棍各自擀成12cm×10cm大小的麵皮。

4 分成3等分，將其中一份往上堆疊在另外兩份的中間。

5 用力捏在一起，擠出空氣的同時滾成16cm長的長條棒狀。各剩一半的麵團也以同樣方式成型。最後再如同咖啡可可口味的步驟 **6**，放進烤箱中烤焙。

2 將麵皮向前捲，捲緊以擠出空氣。捲到末端時用力捏緊。

3 用力捏緊，擠出空氣的同時滾成24cm長的長條棒狀。

抹茶口味

材料　大約30片份量

基礎冰箱小西餅類型麵團
　（參照P.24）····················· 2單位
抹茶 ······························· 3g
精白砂糖（裝飾用）············· 適量

製作方法

1 製作基礎冰箱小西餅類型麵團與加了抹茶粉的的抹口味茶麵團各1單位。兩種麵團各等量分成兩份，各取一半揉捏成團。撒上手粉（另外準備），用擀麵棍各自擀成15cm×10cm大小的麵皮。將抹茶麵皮疊在基礎麵皮上。

造型擠花類型

使用中意的花嘴，擠出各種造型並加以烤焙的類型。
較另外兩種麵團多加點水，製作容易擠花的滑順麵糊。
製作好的麵糊會隨時間經過而變硬，因此麵糊一完工就必須立即擠花，
並在擠花變軟之前放入烤箱中烤焙。因麵糊裡加了蛋白，口感會較為清脆。

5 麵糊變滑順即完成。若再繼續攪拌，麵糊會愈來愈黏，不僅難以擠花，口感也會變差。

麵糊結塊，攪拌得不勻稱，無法填入擠花袋中，必須再充分拌勻。

2 加入糖粉，繼續使用打蛋器翻攪。攪拌過度使空氣跑進去的話，烤焙時容易變形，所以適度攪拌均勻就好。

3 將蛋白分兩次加進去，使用打蛋器適度拌勻。

4 篩入低筋麵粉，使用橡皮刮刀在攪拌盆中翻攪，直到麵糊變滑順。

1 單位的基本材料

使用8齒5號星形花嘴

無鹽奶油	45g
糖粉	25g
蛋白	10g
低筋麵粉	65g

基礎麵團製作步驟

1 奶油放室溫下回軟，使用打蛋器攪拌至滑順。奶油太硬時，放入微波爐加熱數秒，注意不要過度融化。若使用融化的奶油製作麵團，餅乾無法呈現鬆脆口感。

NG!

花嘴太接近烤盤，擠花形狀變形。另外，擠花大小與厚度都必須一致，否則烤焙時容易斑駁不均。為了擠花時容易操作，擠花袋中只填入一半份量的麵糊就好。

6 將一半的麵糊填入裝有星形花嘴的擠花袋中，在鋪有烘焙紙的烤盤上間隔地擠出圓形麵糊。剩餘的麵糊也是同樣作法。

7 放入已預熱180度C的烤箱中烤焙5分鐘後，改170度C再烤焙8～9分鐘。

NG!

烤箱沒有事先預熱，或者溫度不夠，擠花容易變形。另一方面，將擠花置於溫度較高的地方，也是造成擠花變形的原因之一。擠花之後若無法立即放入烤箱中烤焙，請先暫時放進冰箱冷藏室中。

$Rosé$
薔薇餅

減少低筋麵粉用量，改以玉米粉取代，咬感會更加爽口清脆。外型像朵薔薇，以螺旋方式擠花，最後再撒上糖粉。

材料　大約15塊份量
使用8齒5號星形花嘴

無鹽奶油	45g
糖粉	25g
蛋白	10g
低筋麵粉	55g
玉米粉	10g
防潮糖粉（裝飾用）	適量

製作方法

1 請參照P.33，在低筋麵粉中加入玉米粉，以同樣方式製作麵糊。填入裝有星形花嘴的擠花袋中，從中心點以螺旋方式繞2圈，直徑大約4cm。

2 放入已預熱180度C的烤箱中烤焙5分鐘後，改170度C再烤焙13～15分鐘，充分放涼。塑膠袋中倒入防潮糖粉，把餅乾放進塑膠袋中裹上糖粉，再輕輕甩掉多餘的糖粉。

❧ Variation ☙

格雷伯爵茶

製作麵糊時，粉料與切細碎的2g格雷伯爵茶茶葉一起加進去。將紅茶粉（市售）加入防潮糖粉中，視顏色狀況適量添加，餅乾出爐後撒在餅乾上。

草莓

使用與薔薇餅同樣的麵糊。將冷凍乾燥草莓粉加入防潮糖粉中，視顏色狀況慢慢添加調色，餅乾出爐後撒在餅乾上。

Milanese
米蘭酥餅

使用平口鋸齒花嘴擠花，烤出來的餅乾輕薄又酥脆。麵糊裡添加爽口風味的橙皮，再以杏仁碎與黑巧克力裝飾，兼具視覺與口感。可可風味的麵糊則以熟可可粒與牛奶巧克力妝點。一款非常適合搭配紅茶，口感纖細高雅的餅乾。

6 請參照P.11以隔水加熱方式融化巧克力，僅將餅乾邊角部位浸在融化的巧克力醬中。甩掉多餘的巧克力醬，排列在烘焙紙上，放進冰箱冷藏室中讓巧克力凝固。

∽ Variation ∾

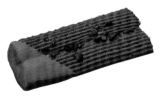

可可風味

將低筋麵粉減至60g，改加入4g可可粉，以同樣方式製作麵糊。撒上熟可可粒，放入烤箱中烤焙。最後再以披覆用牛奶巧克力裝飾。

3 緊鄰著長條狀麵糊邊再擠一條。只單擠一條的話，烤好後容易斷裂，所以二條一組。擠花麵糊的厚度、寬度和長度都要一致。

4 在中間撒上杏仁碎，以手指輕壓。若只是撒上去，烤好後容易脫落。

5 放入已預熱180度C的烤箱中烤焙10分鐘左右。

材料　大約20片份量

使用口徑1.5cm（2號）平口鋸齒花嘴

基礎造型擠花類型麵團（參照P.33）	1單位
刨絲橙皮	1/4個
杏仁碎	適量
披覆用巧克力（黑巧克力）	適量

製作方法

1 請參照P.33製作麵糊。加入蛋白後再加刨絲橙皮。這裡只使用柑橘的表皮，因為內側白色部位會有苦澀味。

2 將麵糊填入裝有平口鋸齒花嘴的擠花袋中。在鋪有烘焙紙的烤盤上擠出長約7cm的長條狀麵糊。

Christmas cookies
聖誕餅

以相同的花嘴擠出各式各樣的餅乾，依個人喜好使用不同的巧克力妝點。以肉桂粉和可可粉調味，或者抹上果醬作為夾層，只要多花點心思，餅乾種類就愈豐富。最後再以亮粉裝飾，樸素淡雅的餅乾搖身一變成為聖誕佳節最適合用來送人的美麗贈禮。

〜 Variation ⋑

波浪餅（約18塊）

1 請參照P.33製作麵糊。將低筋麵粉減至60g，改加入4g可可粉，以同樣方式製作麵糊。將麵糊填入裝有星形花嘴的擠花袋中，在烘焙紙上擠出長8cm的波浪麵糊。放入已預熱180度C的烤箱中烤焙12分鐘。

2 餅乾的半邊（長邊）浸在融化的披覆用白巧克力醬中，撒上銀色糖珠，放進冰箱冷藏室中凝固。

夾心餅（約25組）

1 請參照P.33製作麵糊。加入蛋白後，再加入1/3個刨絲檸檬皮。將麵糊填入裝有星形花嘴的擠花袋中，以畫小漩渦的方式擠直徑2cm左右的圓形擠花。放入已預熱180度C的烤箱中烤焙12分鐘。

2 杏桃果醬放入微波爐中加熱軟化，塗抹一些在餅乾內側，貼合在另外一塊餅乾上當作夾心。

3 餅乾的半邊浸在自己喜歡的披覆用巧克力醬中，撒上金粉，放進冰箱冷藏室中凝固。

馬蹄餅

材料　大約45個份量

使用8齒5號星形花嘴

基礎造型擠花類型麵團
（參照P.33）‥‥‥‥‥‥‥‥1單位

肉桂粉‥‥‥‥‥‥‥‥‥‥‥‥適量

披覆用巧克力（黑巧克力、牛奶巧克力、白巧克力等隨意）‥‥‥‥適量

製作方法

1 請參照P.33製作麵糊。加入低筋麵粉的同時加入肉桂粉。將麵糊填入裝有星形花嘴的擠花袋中，在烘焙紙上擠出縱向長度3cm的馬蹄形麵糊。放入已預熱180度C的烤箱中烤焙9～10分鐘。

2 請參照P.11以隔水加熱方式融化巧克力，將餅乾兩端浸在融化的巧克力醬中。甩掉多餘的巧克力醬，排列在烘焙紙上，放進冰箱冷藏室中凝固。裝入密封容器中，置於陰涼處或冰箱冷藏室中保存。

波浪餅

夾心餅

馬蹄餅

享受獨特
口感與風味

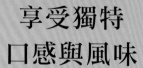

挑戰獨具個性的
麵團

　打發蛋白類型、完全不加水類型、使用焙煎
粉料類型，從基礎麵團入門，進一步精進配料
的組合與製作方法，在這裡將為大家介紹活用
各種口感與風味，充滿獨特個性的多樣化麵
團。只要在外觀和裝飾上多下點功夫，就能創
作出各式各樣獨具巧思的手工餅乾。

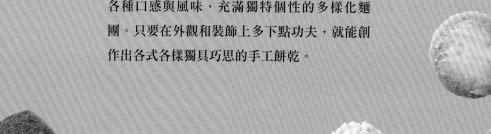

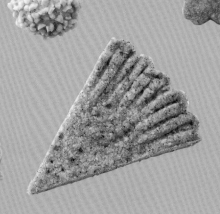

Duchesse
女公爵餅

餅乾棒

果醬夾心餅

女公爵餅

Duchesse
女公爵餅

打發蛋白製作蛋白霜，再與粉料拌合在一起。外觀形似貓舌餅乾，但較厚，口感也較軟。這裡將加入榛果粉與橙皮，製作獨具個人特色的風味。使用相同的麵團，稍加改變外型、加入果醬當夾心，打造3種截然不同特色的精緻手工餅乾。

5 橙皮與奶油加在一起，以微波爐加熱融化後倒進去。

6 整體充分攪拌均勻。

7 填入裝有圓形花嘴的擠花袋中，在鋪有烘焙紙的烤盤上擠出直徑2.5cm的圓形麵糊。花嘴不要提得太高，擠花麵糊才會漂亮。烤焙時麵糊會往四周擴大，所以擠花時麵糊之間要有足夠的間隔。

2 確實打發至乾性發泡（泡沫堅硬挺立的程度）。

3 篩入榛果粉、杏仁粉、低筋麵粉和糖粉。

4 使用橡皮刮刀大動作攪拌，攪拌至沒有粉末殘留。

材料　大約50片份量

使用7mm（7號）圓形花嘴

蛋白	35g
糖粉（製作蛋白霜用）	20g
榛果粉	20g
杏仁粉	20g
低筋麵粉	10g
糖粉	20g
刨絲橙皮	少許
無鹽奶油	25g
披覆用巧克力（牛奶巧克力）	30g

※沒有榛果粉的話，將杏仁粉增加至40g。

製作方法

1 製作蛋白霜。打發蛋白，開始膨脹有份量時加入20g糖粉，繼續打發。

8 放入已預熱180度C的烤箱中烤焙5分鐘後，改170度C再烤焙8～9分鐘，烤到中心部位還有些留白。餅乾放涼備用。請參照P.11融化巧克力，並填入塑膠製擠花袋中。擠花袋前端剪開一個小孔，在餅乾表面擠線條。放進冰箱冷藏室中凝固。

💐 Variation ☙

餅乾棒

1 麵糊製作完成後，填入裝有圓形花嘴的擠花袋中，擠出長6cm的長條狀麵糊。

2 適量地撒上切碎的榛果，以指尖輕壓一下。

3 同樣放入烤箱中烤焙，放涼備用。請參照P.11融化披覆用巧克力，使用抹刀塗抹在餅乾內側，放進冰箱冷藏室冷卻凝固。

💐 Variation ☙

果醬夾心餅

1 麵糊製作完成後，填入裝有圓形花嘴的擠花袋中，擠出直徑2cm的圓形麵糊。表面撒滿杏仁碎。

2 傾斜烘焙紙，倒掉多餘的杏仁碎，小心不要讓圓形麵糊變形。同樣放入烤箱中烤焙。

3 取適量杏桃果醬放入微波爐中加熱，抹一些在餅乾內側當夾心。

Short Bread
蘇格蘭奶油酥餅

蘇格蘭奶油酥餅，一款非常簡約大方的餅乾。完全不加水，僅以大量奶油製作麵團，可以享受極為濃郁香醇的風味。另外，因使用較多奶油，不會有麵粉出筋的問題，所以即便餅乾厚一些，依然能保有酥脆口感。這裡將為大家介紹切片的圓形「襯裙的尾巴（petticoat tail）」，以及使用菊花切模加刻紋製成貝殼狀的蘇格蘭奶油酥餅。

材料

使用直徑15cm的塔模

低筋麵粉	75g
糖粉	25g
無鹽奶油	50g
刨絲檸檬皮	1/3個
精白砂糖（裝飾用）	適量

※以濃縮咖啡espresso用且研磨得極為細緻的咖啡粉3g取代刨絲檸檬皮，就可以製作濃縮咖啡風味的蘇格蘭奶油酥餅。

製作方法

1 將精白砂糖以外的材料全倒進食物調理機中。

2 啟動食物調理機，攪拌至奶油成細粉狀。

3 繼續攪拌至整體呈濕潤鬆發狀。

4 輕輕揉成一團，並稍微搓揉成圓盤狀。

5 將麵團鋪在塔模裡，鋪滿整個底部。

6 使用叉子在邊緣壓出紋路。因烤焙時麵團會膨脹，紋路相形之下會變淺，所以壓紋路時要稍微壓深一點。另外再以叉子尖端在麵團中間戳洞。

Point

事先戳洞的話，即便麵團再厚，裡層也能夠烤得熟。

7 在整個麵團上輕輕撒上精白砂糖。

8 放入已預熱180度C的烤箱中烤焙20～22分鐘。趁熱以刀子切片。一旦冷卻變硬，就無法工整切開餅乾。剛出爐的餅乾因為還很軟，最好冷卻後再脫模，比較不會變形。

❧ Variation ☙

格雷伯爵茶貝殼餅

3 以刀背在菊花麵皮上深深地印上紋路。

1 以3g切細碎的格雷伯爵茶茶葉取代刨絲檸檬皮，以相同方式製作麵團。用擀麵棍擀成厚度約4～5mm的麵皮。使用食物調理機或杵臼碾碎茶葉也可以。

4 整體撒上精白砂糖，放入已預熱180度C的烤箱中烤焙15分鐘。剛出爐的餅乾還很軟，冷卻後再自烘焙紙上移開。

2 使用直徑6cm的菊花切模壓切形狀，間隔排放在鋪有烘焙紙的烤盤上。剩餘不完整的麵皮揉成團，同樣擀成相同厚度的麵皮後再壓切形狀。

和風貓舌餅乾&和風沙布蕾酥餅

Wa Langue de chat & Wa Sablée

和風貓舌餅乾 & 和風沙布蕾酥餅

Wa Langue de chat & Wa Sablée

法語langue de chat是「貓舌頭」的意思，這款餅乾因又薄又脆且形似貓舌頭，所以取名為貓舌餅乾。加入生薑與黑芝麻糊，不僅口感變輕盈，也增添一股和風特有氣息。以冰箱小西餅麵團搭配和菓子專用模具來製作沙布蕾酥餅，烤出來的餅乾會比使用切模麵團製作的餅乾還硬脆。這兩款餅乾都是日本茶的最佳搭檔茶點。

和風貓舌餅乾

材料　約50片份量

使用7mm（7號）圓形花嘴

無鹽奶油	25g
糖粉	25g
蛋白	25g
杏仁粉	15g
低筋麵粉	15g
刨絲生薑	5g
糖水鏡面	
糖粉	15g
水	2～3g

2 填入裝有圓形花嘴的擠花袋，在鋪有烘焙紙的烤盤上間隔地擠出直徑2cm的圓形麵糊。放入已預熱170度C的烤箱中烤焙8～10分鐘，烤到中心部位還有些留白。

3 將糖粉和水攪拌在一起製作糖水鏡面。迅速塗抹在餅乾表面，放室溫下冷卻凝固。

製作方法

1 奶油放室溫下回軟，攪拌至鮮奶油狀。依序放入糖粉、蛋白、杏仁粉和過篩低筋麵粉，充分攪拌至滑順。加入生薑拌勻

❀ Variation ❀

製作黑芝麻餅乾時，以10g黑芝麻糊取代生薑製作麵團，擠成小球後再撒上黑芝麻，同樣放入烤箱中烤焙。

1 請參照P.24製作過程 1～5分別製作原味、芋頭、抹茶、焙茶口味麵團。各種風味粉與粉料一起加進去。請事先將原味麵團等量分成3份。

2 分別將芋頭口味麵團、抹茶口味麵團和焙茶口味麵團在烘焙紙上擀成3mm厚的麵皮,放入冰箱冷藏室冷卻變硬。使用喜歡的切模壓切形狀,間隔排放在烘焙紙上。

3 製作大理石花紋的麵皮。分別將各色剩餘的麵團與原味麵團切碎,並將各色麵團與各1/3份量的原味麵團以隨機方式排列在一起。用擀麵棍將切碎的麵團擀成一團,並且擀成厚3mm的麵皮。

4 同樣放入冰箱冷卻後再壓切形狀。

5 放入已預熱160度C的烤箱中烤焙5分鐘後,改150度C再烤焙12～13分鐘,避免顏色烤得過深,以低溫慢慢烘烤。

和風沙布蕾酥餅

材料　各色約50片份量
使用和菓子專用模具(葫蘆、千鳥、菊花花瓣、樹葉、龜殼)、蔬菜專用模具(桔梗、櫻花、梅花等)

原味麵團

低筋麵粉	70g
糖粉	35g
杏仁粉	20g
無鹽奶油	45g
牛奶	6g

※芋頭口味麵團使用8g芋頭粉(市售)、抹茶口味麵團使用3g抹茶粉、焙茶口味麵團使用3g焙茶粉,製作各種麵團時,請將各種風味粉與粉料一起加進原味麵團中。

Point

將沒有形成大理石花紋的部分切割下來,疊在麵團上,再次用擀麵棍擀平。

Sio Sablée
鹽味沙布蕾酥餅

帶有清淡鹹味的甜鹹沙布蕾酥餅，非常適合作為輕食料理或茶點。在多變切模麵團中加入烘焙小麥胚芽，香氣更迷人，清脆的口感更具獨特性。塗抹添加咖啡的蛋液，烤焙出來的美麗顏色令人垂涎三尺。

4 使用小叉子和直徑1cm圓形花嘴在餅乾麵皮上刻畫花紋。放入已預熱180度C的烤箱中烤焙10～12分鐘，烤到餅乾呈充滿香氣的金黃色。

Point

刻畫花紋時，不要過於用力，將叉子盡量放平，輕輕劃過表面的蛋液及麵皮。

2 在充分打散的蛋黃中加入以水沖泡的即溶咖啡，視顏色狀態慢慢添加調色，製作褐色的塗抹用蛋液。

3 毛刷盡量放平，勿太薄，勿太厚，將蛋液均勻地塗刷在餅乾麵皮表面。

材料　約12片份量
使用直徑6.5cm菊花切模

低筋麵粉	60g
糖粉	35g
杏仁粉	25g
烘焙小麥胚芽（市售）	10g
鹽（推薦使用蓋朗德鹽）	3～4g
無鹽奶油	40g
牛奶	8g
塗抹用蛋液	
蛋黃	1個
即溶咖啡粉	少許
水	5g

製作方法

1 請參照P.14，加入烘焙小麥胚芽和鹽製作麵團。用擀麵棍在烘焙紙上擀成20cm×20cm大小的麵皮，放入冰箱冷藏室冷卻變硬，然後使用直徑6.5cm菊花切模壓切形狀。將菊花麵皮排列在鋪有烘焙紙的烤盤上。剩餘不完整的麵皮揉成團，同樣擀成相同厚度的麵皮後再壓切形狀。

可可風味

草莓風味

原味

Meringues
蛋白霜餅乾

蛋白霜甜點容易給人「甜膩」的印象，但小小一個，若再添加各種不同風味粉，或者浸在巧克力醬中，外表單調的蛋白霜立即變身成充滿酥脆口感，濃郁風味，魅力十足的高級甜點。為避免烤到過於焦黃，改用低溫烘烤方式。呈現美麗色澤是蛋白霜餅乾的製作重點之一。

3 打發至具有光澤且泡沫堅挺的蛋白霜。

4 將蛋白霜填入裝有星形花嘴的擠花袋中，在烘焙紙上擠出直徑2.5cm的圓形擠花。

2 小鍋裡倒入砂糖、水，以中火熬煮糖漿，溫度達118度C就關火。一邊高速打發1的蛋白，一邊慢慢將糖漿加進去。

Point

糖漿溫度太低，蛋白霜會過於鬆軟；但溫度太高，蛋白霜會因為上色而無法呈現雪白的顏色，因此糖漿的溫度非常重要！另外，一口氣將糖漿全加進去的話，蛋白霜會結塊，所以要如同涓涓流水般慢慢加。

材料　約40個份量	
使用8齒的9號星形花嘴	
蛋白	30g
砂糖	60g
水	20g
冷凍乾燥草莓片	適量
披覆用巧克力（白巧克力）	適量
冷凍乾燥草莓粉	適量

製作方法

1 製作義式蛋白霜。將蛋白倒入直徑約18cm的攪拌盆，打發至柔軟有份量感。在這個步驟中若沒有確實打發，之後加入糖漿，擠出來的蛋白霜餅乾無法漂亮成型。

❧ Variation ☙

草莓風味

義式蛋白霜製作好之後，使用泡茶濾網篩入4～5g冷凍乾燥草莓粉，以橡皮刮刀充分拌勻。以同樣方式擠花、烤焙。

可可風味

1 義式蛋白霜製作好之後，使用泡茶濾網篩入7～8g可可粉，以橡皮刮刀充分拌勻。

2 以同樣方式擠花，撒上熟可可粒後放入烤箱中烤焙。將餅乾底部浸在融化的黑巧克力醬中，放入冰箱冷藏室中凝固。

5 依個人喜好撒上冷凍乾燥草莓片，放入已預熱100度C的烤箱中烘烤70～90分鐘。依擠花大小及屋內濕度調整烘烤時間。

Point

試著撥開，若中心部位也確實烘乾，那就OK了。因為蛋白霜餅容易受潮，請放入密封容器中保存。

6 請參照P.11以隔水加熱方式融化巧克力，視顏色狀態適量加入冷凍乾燥草莓粉。將蛋白霜餅乾底部浸在巧克力醬中，排列在烘焙紙上，放入冰箱冷藏室中使巧克力凝固。最後再與乾燥劑一同放入密封容器中，置於陰涼處或冰箱冷藏室中保存。

Préor
年輪派餅

Préor
年輪派餅

多次摺疊的派皮麵皮上捲入香氣迷人的可可泥，切片再擀平，就會變身成美麗的年輪狀派餅。多層次的薄片，可以享受到派餅獨特的口感。最後再塗刷焦糖，就能產生如花林糖般的香氣與酥脆感。

5 撒上手粉，將 **4** 擀成縱向長度為橫向長度3倍的大小。

6 上下各往中間摺，摺成3褶。使用擀麵棍輕壓麵皮，讓麵皮與奶油密合。

7 轉向90度，再次擀平成縱向長度為橫向長度3倍的大小，同樣摺成3褶。裝入塑膠袋中，放入冰箱冷藏室醒麵至少1個小時。摺成3褶的作業還要再重複2次。

2 裝入塑膠袋中，由上往下壓，將鬆發狀的麵團壓成一整塊。放入冰箱冷藏室中醒麵至少1個小時。

3 將冷卻固體狀的裹入用奶油分切成1cm厚，在保鮮膜上排列成正方形，用保鮮膜包覆起來，再用擀麵棍將奶油擀成邊長13cm的正方形備用。

4 撒上手粉（另外準備），將 **2** 擀成邊長20cm的正方形麵皮，並將 **3** 奶油擺在麵皮中間。從麵皮四個角拉起來往中間裹住奶油，收口處用手指確實捏緊。接下來的作業要盡量加快速度，避免奶油因熱融化。

材料　約18片份量

材料	份量
高筋麵粉	70g
低筋麵粉	70g
無鹽奶油	12g
鹽	3g
冷水	65g
醋	3g
無鹽奶油（裹入用）	85g
可可粉	4g
蛋白	8g
精白砂糖（裝飾用）	適量

製作方法

1 在攪拌盆中放入高筋麵粉、低筋麵粉、12g室溫下回軟的無鹽奶油與鹽。再加入冷水與醋，使用塑膠麵刀充分翻攪拌勻。

Point

過度攪拌會因為麵粉出筋而變得黏稠不易擀壓，這點要特別注意！攪拌至鬆發狀，還有些殘粉的程度就好。

56

14 排列在烘焙紙上，放入已預熱200度C的烤箱中烤焙12分鐘。

15 整體開始呈金黃色時，將烤箱溫度調高至220度C再烤焙2分鐘左右。

16 整體呈焦糖色時就可以自烤箱中取出。餅乾表面的焦糖在冷卻後會凝固變硬，為避免受潮，請裝入密封容器中，並置於陰涼處保存。放在冰箱裡容易受潮，所以請不要置於冰箱中保存。

10 從近身側開始向前捲，捲緊以免空氣跑進去。

11 捲至最末端時，用手指捏緊接縫處。用保鮮膜包起來放進冰箱冷藏室醒麵至少1個小時。麵皮經冷藏後會變硬，分切時會比較工整漂亮。

12 用刀子切成1cm厚的圓片狀。

13 將精白砂糖倒在烘焙紙上，把切好的圓片狀麵皮在放砂糖上擀成長條狀薄片。再撒一些精白砂糖，然後翻面再擀平。多翻面幾次，直到麵皮的厚薄一致且長度約16cm為止。

8 用擀麵棍擀成18cm×34cm大小的長方形麵皮，放入冰箱冷藏室緊實麵皮。

9 充分拌勻可可粉與蛋白，使用橡皮刮刀薄薄地塗抹在麵皮上。為了捲起麵皮時容易固定，上端1cm處不要塗抹可可泥。

●**Point**

可可泥若塗抹得太厚，之後撒上精白砂糖時，會因為過於黏糊而不易擀壓，所以盡可能薄薄一層就好。

7 完全放涼後，在攪拌盆中倒入防潮糖粉或楓糖，一次放2～3個餅乾到攪拌盆中裹上糖粉。輕輕甩掉多餘的糖粉，放進密封容器中保存。

✂ Variation ✂

黑糖咖啡口味

步驟 **2** 加入3g即溶咖啡粉，餅乾出爐後撒上黑糖粉。

抹茶芝麻口味

步驟 **2** 中以15g黑芝麻取代核桃，餅乾出爐後撒拌有適量抹茶粉的防潮糖粉。

草莓檸檬口味

步驟 **2** 中以少許刨絲檸檬皮取代核桃，餅乾出爐後撒上拌有適量冷凍草莓乾粉的防潮糖粉。

4 用擀麵棍將 **3** 擀成1cm厚的長方形麵皮。蓋上保鮮膜，連同烘焙紙一起放入冰箱冷藏室醒麵至少30分鐘，讓麵皮變緊實。

5 切成2.5cm大小的塊狀。

💧Point

使用小型切模壓切形狀也可以。

6 排列在鋪有烘焙紙的烤盤上，放入已預熱150度C的烤箱中烤焙25分鐘，烤到稍微呈金黃色。剛出爐的餅乾很軟，放涼之前先不要觸摸。

核桃口味

材料　約20～30個份量

低筋麵粉	60g
核桃	15g
糖粉	30g
杏仁粉	40g
無鹽奶油	50g
防潮糖粉或楓糖（裝飾用）	適量

製作方法

1 將低筋麵粉攤放在鋪有錫箔紙的烤盤上。放入已預熱200度C的烤箱中烘烤12～13分鐘，開始呈金黃色時就取出待涼。

2 在食物調理機中倒入 **1** 的低筋麵粉、糖粉、杏仁粉與固體狀奶油。再放入切碎的核桃，輕輕攪拌至所有材料充分混合在一起。

3 將拌勻的 **2** 倒在烘焙紙上。因為內有小顆粒，不易搓揉成團，所以要稍微按壓一下將材料揉成一團。

Pollorné
西班牙傳統小餅

西班牙慶典中常見的「傳統小餅」，以添加堅果的口感與各種風味粉的方式，讓小餅有別具一格的呈現。使用烘烤過的低筋麵粉製作麵團，餅乾既不黏稠，還有種入口即化的綿密感。這種餅乾易碎，若要送人的話，建議不要硬塞，只要整齊擺放在盒子裡，再包裝漂亮即可。

核桃口味

抹茶芝麻口味

黑糖咖啡口味

草莓檸檬口味

∞ Variation ○B

芝麻口味

咖哩口味的鹹酥餅麵團中,以5g黑芝麻取代薑黃與咖哩粉,以8g黑芝麻糊取代牛奶,使用相同方法製作麵團。

培根黑胡椒口味

咖哩口味的鹹酥餅麵團中,以3g芋頭粉與少許粗顆粒黑胡椒取代薑黃與咖哩粉。加入牛奶,再將10g切細絲的培根乾炒後放涼加進去,然後使用相同方法製作麵團。

羅勒口味

咖哩口味的鹹酥餅麵團中,以1g抹茶粉與少許羅勒粉取代薑黃與咖哩粉,使用相同方法製作麵團。

---

3 以同樣方式製作原味的鹹酥餅麵團。撒上手粉(另外準備),在烘焙紙上擀成8cm×20cm大小的長方形麵皮。重點在於厚薄一致。

4 將2的長柱體麵團置於3麵皮上,用麵皮將麵團捲起來。要捲緊以免空氣跑進去,確實使麵皮與麵團密合在一起。

5 捲至末端時,用手指捏緊接縫處。調整好形狀,用保鮮膜包覆,置於托盤上。放進冰箱冷凍庫使麵團呈半結凍狀態。

6 切成8mm厚的片狀,間隔排放在鋪有烘焙紙的烤盤上。放入已預熱180度C的烤箱中烤焙8分鐘後,改170度C再烤焙10分鐘。

咖哩口味

材料　約25片份量	
咖哩口味鹹酥餅麵團	
低筋麵粉	40g
糖粉	7g
鹽(推薦使用蓋朗德鹽)	1g
無鹽奶油	25g
牛奶	3g
薑黃	少許
咖哩粉	1～2g
原味鹹酥餅麵團	
低筋麵粉	25g
糖粉	5g
鹽(推薦使用蓋朗德鹽)	1g
無鹽奶油	17g
牛奶	2g

※使用薑黃是為了上色,若沒有薑黃的話,省略也無妨。

製作方法

1 請參照P.24的冰箱小西點麵團,製作咖哩風味的鹹酥餅麵團。這裡以鹽、薑黃和咖哩粉取代杏仁粉。

2 將1揉捏成長20cm,切面邊長2cm的長柱體。以保鮮膜包覆,置於托盤上,放進冰箱冷凍庫讓麵團變硬。

Sablés salée
鹹酥餅

咖哩、羅勒等具有獨特香氣的鹹酥餅，一口一個停不下來的好滋味。為了強調鹹
味與香氣，省略冰箱小西餅麵團中的杏仁粉，並且將糖粉用量減至最少。是一款
最適合搭配啤酒或葡萄酒的零嘴。

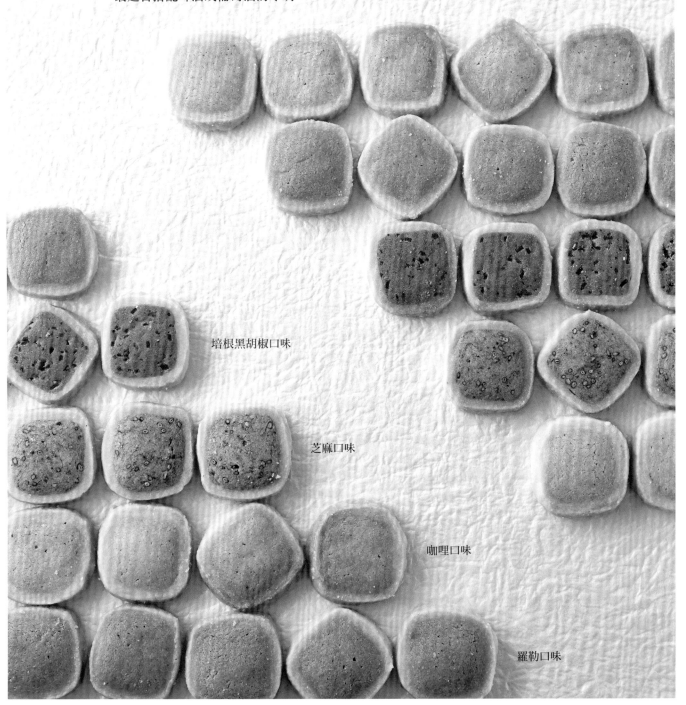

培根黑胡椒口味

芝麻口味

咖哩口味

羅勒口味

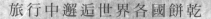

種類多樣化！
歐洲各國的餅乾

每次出國旅行，我必定造訪當地的糕餅店。店裡擺滿使用特產食材、搭配宗教意義、獨具當地特色的各式蛋糕餅乾，透過這些蛋糕餅乾，能夠充分瞭解當地文化，更重要的是可以大大滿足口腹之慾。

特別是歐洲地區，從單純烤焙的基本類型到外觀裝飾華麗的精緻類型，各國都有各自形形色色百變的餅乾。而些將玻璃櫥窗妝點得華麗耀眼的餅乾，都是我撰寫食譜時的最佳參考範本。

大家有機會到海外走走時，別忘了好好參觀一下最足以展現當地特色的美麗餅乾喔。

奧地利
維也納

自11月底開鑼的聖誕市集上，買得到各式各樣的餅乾。其中利用霜飾寫下訊息的心型餅乾、充滿香料香氣的薑餅屋特別受到歡迎。

裝飾得非常可愛的聖誕餅乾，小巧又五顏六色，光是欣賞就令人感到心曠神怡。

義大利
西西里島

糕餅店裡以托盤承裝各式各樣的餅乾，能夠依個人喜好單選自己想要的餅乾，並且請店家幫忙簡單包裝。

使用當地生產的新鮮杏仁與開心果所製作的餅乾。飯店提供的早餐中通常也都會附上幾款美味的餅乾。

使用杏仁膏製作的「杏仁面果（Frutta di Martorana）」也和各式餅乾陳列在一起。一般多為水果造型，但近來有愈來愈多如此可愛的外型！

Riga

Wien

Sicilia

法國
巴黎 & 亞爾薩斯

手掌大的酥餅。在日本雖不常見，但這種尺寸在歐洲卻是隨處可見的大小。

在巴黎，即使是簡單大方的烤餅乾也能夠將櫥窗布置得美輪美奐。這種氣氛令人不禁讚賞「這就是巴黎啊！」

外觀與馬卡龍相似的「茴香餅（Pain D'Anis）」。不僅洋溢著法國人最喜歡的茴香香氣，還具有非常獨特的清爽香脆口感。

淋上巧克力醬的大蝴蝶餅與巧克力層層交疊的法式焦糖杏仁脆餅。在靠近德國邊境的亞爾薩斯，兩個國家的文化和諧地共存於美麗櫥窗中。

烤得又脆又大的蛋白霜餅乾（請參照P.52），是平時深受大家喜愛的甜點。

拉脫維亞
共和國
里加

拉脫維亞位於波羅的海三小國的正中央，在這裡邂逅了美味的莓果塔，餅乾上頭擺滿當地盛產的莓果。

在市集上發現兔子形狀的餅乾與蛋白霜餅。除此之外，還有許多精緻的手工餅乾。

Paris　Alsace

Madrid
Toledo

西班牙
馬德里

在歐洲，西班牙是屈指可數的杏仁生產地。櫥窗裡擺滿許多使用優質杏仁所製作的美味餅乾。

原是聖誕節甜點的「西班牙傳統小餅」，現在已是甜點店裡常設的招牌餅乾。

馬德里的代表性甜點店「Casa Mil」。店裡將西班牙傳統小餅包裝得有如糖果一樣可愛。

「杏仁面果」是馬德里近郊的古都托雷多的名產，餅乾充滿濃濃的杏仁香味。有形形色色的可愛外型，有些外表還有美麗的霜飾。

口感多樣化，
更唯美、更新穎

麵團與
鮮奶油霜的組合

鬆脆的酥餅麵團搭配香氣迷人的牛軋糖；鬆軟的餅乾麵團搭配黏糊的甘納許；不同口感的麵團搭配鮮奶油霜，透過各種不同的組合，餅乾的色香味等級頓時提升。雖然調整烤焙時間與鮮奶油霜的軟硬度需要高度技巧，但餅乾出爐後，外觀將更唯美、口感將更新穎。

Mirroire
鏡面風小餅

65

Mirroire
鏡面風小餅

清爽的達克瓦茲蛋糕體麵糊搭配濃郁的杏仁餡。撒上滿滿的杏仁碎，創造嶄新的味道與口感。另外，在餅乾中央塗抹果醬與糖水鏡面，如一面明鏡般的高級餅乾瞬間呈現在眼前。香脆口感無負擔，是下午茶點心的最佳選擇。

製作方法

4 將3填入裝有花嘴的擠花袋中，在烘焙紙上擠出長度約3cm的橢圓環狀擠花。

5 撒上大量的杏仁碎。

1 依序將砂糖、全蛋、杏仁粉加入放室溫下回軟的奶油中，充分拌勻製作杏仁餡。

2 製作達克瓦茲蛋糕體麵糊。打發蛋白，打出份量後加入8g糖粉。繼續打發至泡沫堅硬挺立的蛋白霜。

3 篩入杏仁粉、30g糖粉、低筋麵粉，使用橡皮刮刀充分攪拌均勻。

材料　約50個份量	
使用7mm（7號）圓形花嘴	
杏仁餡	
無鹽奶油	10g
砂糖	10g
全蛋	10g
杏仁粉	10g
達克瓦茲蛋糕體麵糊	
蛋白	30g
糖粉（製作蛋白霜）	8g
杏仁粉	30g
糖粉	30g
低筋麵粉	6g
杏仁碎	適量
杏桃果醬或樹莓果醬	
（事先過篩）	適量
糖水鏡面	
糖粉	13g
檸檬汁	2～3g

Point

要攪拌至沒有粉狀顆粒殘留。但要特別注意，若過度攪拌，一旦氣泡消失，麵糊會容易塌陷。

11 使用毛刷或水彩筆將糖水鏡面塗抹在果醬上。

12 放入已預熱180度C的烤箱中烘烤1分半～2分鐘，烘乾糖水鏡面。自烤箱取出時無論是否完全烘乾，只要冷卻之後就不會沾手。因為餅乾容易受潮，請放入密封容器中，並置於陰涼處保存。

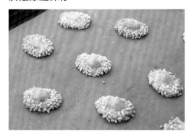

9 以微波爐加熱果醬，使用毛刷或水彩筆將果醬塗抹在杏仁餡上。

10 攪拌糖粉與檸檬汁，製作黏稠但會流動的糖水鏡面。若覺得糖水鏡面太稀軟，可再加入一些糖粉微調。

6 傾斜烘焙紙，倒掉多餘的杏仁碎。請小心勿讓擠花麵糊變形。

7 將杏仁餡裝入塑膠擠花袋中，尖端剪開5～6mm大小的開口。將杏仁餡擠在 **6** 的環狀麵糊中間。

8 放入已預熱180度C的烤箱中烤焙5分鐘後，改170度C再烤焙7分鐘。

法式焦糖杏仁脆餅

維也納鬆餅

Florentine & Wiener Waffelen
法式焦糖杏仁脆餅&維也納鬆餅

厚片麵團上鋪滿焦糖杏仁片，又香又脆的招牌甜點法式焦糖杏仁脆餅。麵團切成長條狀，兩端裏上牛奶巧克力，新潮又美味。維也納鬆餅，在添加上新粉的脆口麵團上擠一些皇家糖霜，中間再以果醬夾層，一款充滿鬆餅風味的餅乾。香脆的皇家糖霜，不僅有美麗外觀，更具有為餅乾口感加分的效果，美味與口感交互輝映。

5 製作焦糖杏仁片。在鍋裡倒入奶油、砂糖、蜂蜜與鮮奶油，以中火加熱，並同時以耐熱橡皮刮刀或拌匙攪拌。

Point

過度熬煮的話，焦糖不易推展，所以攪拌至適當濃度，整體呈淺褐色就可以關火。

2 用叉子在麵皮上戳洞，可以防止烤焙時麵皮膨脹。

3 放入已預熱180度C的烤箱中烤焙18〜20分鐘，當麵皮大概7〜8成呈金黃色時就可以出爐了。

4 稍微冷卻後，以錫箔紙由下往上包起來，像在麵皮四周築牆般做個錫箔盒。接下來要將焦糖杏仁片鋪在上面，所以四周一定要穩固。

法式焦糖杏仁脆餅

材料　17cm×11cm大小的份量

檸檬風味的麵團

低筋麵粉	60g
糖粉	25g
杏仁粉	15g
刨絲檸檬皮	1/3個
無鹽奶油	30g
全蛋	15g

焦糖杏仁片

無鹽奶油	15g
砂糖	15g
蜂蜜	10g
鮮奶油	10g
杏仁片	30g
披覆用巧克力（牛奶巧克力）	適量

製作方法

1 請參照P.14，按上記份量製作檸檬風味的麵團。添加刨絲檸檬皮，以全蛋取代牛奶。裝在塑膠袋中，放進冰箱冷藏室醒麵至少1小時。撒上手粉（另外準備），使用擀麵棍擀成17cm×11cm大小的長方形麵皮。為避免烤焙後顏色斑駁不均，要將麵皮擀得厚薄一致。

6 立刻加入杏仁片，充分拌勻。

7 趁焦糖還溫熱時，迅速鋪於4的上面，均勻鋪平。

8 使用橡皮刮刀壓平，讓整體厚度一致。若表面凹凸不平，烤出來的顏色會斑駁不均。

9 放入已預熱180度C的烤箱中烤焙13～15分鐘，烤至整體呈深褐色。

10 放涼3～4分鐘，待焦糖表面凝固後，撥開四周圍的錫箔紙，再翻到背面撕掉整張錫箔紙。立刻用刀子切齊四邊，並分成6等分。餅乾完全冷卻變硬後才切的話，容易碎裂，務必趁溫熱趕快切成6等分。

11 請參照P.11隔水加熱融化披覆用巧克力，僅將餅乾兩端浸在融化的巧克力醬中，記得甩掉多餘的巧克力醬。排列在烘焙紙上，放進冰箱冷藏室裡冷卻凝固。裝進密封容器中，並置於陰涼處或冰箱冷藏室裡保存。

6 將擠上皇家糖霜的麵皮置於 5 塗抹果醬的麵皮上，輕壓一下讓兩塊麵皮密合貼在一起。剛貼合好的麵皮不易切塊，所以靜置 1 天讓麵皮與果醬充分融合在一起。

7 使用波浪形的小刀以前後移動的方式切齊四邊，並依個人喜好切成適當大小。因為易碎，切的時候務必小心。使用糖粉篩罐或濾茶網篩上防潮糖粉。

2 將糖粉與蛋白充分攪拌在一起，製作擠花用軟硬度適中的皇家糖霜。若太稀軟的話，可再加一些糖粉微調。

3 填入裝有圓形花嘴的擠花袋中，在其中一片麵皮表面擠上斜格花紋。

4 兩片麵皮都以180度C的溫度烤焙18～20分鐘，烤至整體呈金黃色。

5 果醬倒入小鍋裡，邊攪拌邊以中火加熱。趁熱塗抹在沒有擠上皇家糖霜的另外一片麵皮上。

維也納鬆餅

材料　13cm×20cm大小的份量
使用2mm（2號）圓形花嘴

添加上新粉的酥餅麵團

低筋麵粉	110g
糖粉	40g
杏仁粉	50g
上新粉	30g
肉桂粉	少許
無鹽奶油	100g
牛奶	20g

皇家糖霜

糖粉	40g
蛋白	5～6g
覆盆子果醬	100g
防潮糖粉	適量

製作方法

1 請參照P.14，按上記份量製作添加上新粉與肉桂粉的酥餅麵團。放進冰箱冷藏室醒麵至少1小時，然後等量分成2份。撒上手粉（另外準備），用擀麵棍將麵團各自擀成13cm×20cm大小的長方形麵皮。用叉子在麵皮上戳洞，然後繼續放進冰箱冷藏室裡醒麵備用。

●**Point**

果醬若熬煮得太稀，酥餅容易受潮，切塊時也容易碎裂，所以務必熬煮至有點濃稠度。

Disque
圓盤奶酥

多變切模類型麵團上繞一圈造型擠花類型麵團，中間再以巧克力或果醬裝飾。西伯利亞蛋糕的華麗風貌，非常適合用來妝點派對或作為贈禮。只要稍加改變擠花方式、添加各種風味粉，擠上不同裝飾配料，就能創造出各式各樣精彩組合的餅乾。

材料　約20片的份量
使用直徑4.5cm菊花切模、8齒5號星形花嘴

基礎多變切模類型麵團

低筋麵粉	70g
糖粉	25g
杏仁粉	25g
無鹽奶油	50g
牛奶	4g

基礎造型擠花類型麵團

無鹽奶油	45g
糖粉	25g
蛋白	10g
低筋麵粉	65g

披覆用巧克力（黑巧克力、牛奶巧克力、白巧克力等隨意）	適量
杏桃果醬或樹莓果醬（過篩）	適量
金粉（沒有亦可）	適量

※製作可可餅乾時，每種麵團的低筋麵粉用量都減至60g。基礎多變切模類型麵團改添加12g可可粉；基礎造型擠花類型麵團改添加4g可可粉，皆以同樣方式製作麵團。

Point

也可以使用星形花嘴在麵皮邊緣擠一圈小小的星形擠花。

2 請參照P.33製作基礎造型擠花類型麵團。填入裝有星形花嘴的擠花袋中，在**1**菊花麵皮的邊緣擠一圈，稍微偏內側些，小心不要突出麵皮。

3 放入已預熱180度C的烤箱中烤焙4分鐘後，改170度C再烤焙11～12分鐘。

4 請參照P.11以隔水加熱方式融化披覆用巧克力，以湯匙舀入中間的凹洞中，依個人喜好撒上金粉後，放入冰箱冷藏室冷卻凝固。裝進密封容器中，置於陰涼處或冰箱冷藏室裡保存。若要使用果醬（過篩）的話，先以微波爐加熱使果醬變軟，同樣舀入凹洞中。

製作方法

1 請參照P.14製作基礎多變切模類型麵團。在烘焙紙上將麵團擀成22cm×22cm大小的正方形麵皮，放進冰箱冷藏室緊實麵皮後再使用菊花切模壓切形狀。剩餘不完整的麵皮揉成團，同樣擀成相同厚度的麵皮後再壓切形狀，總共要20片菊花麵皮。間隔排放在鋪有烘焙紙的烤盤上，以叉子在中間戳洞，放進冰箱冷藏室裡醒麵備用。

瑪格麗特餅乾

眼鏡餅乾

巧克力
瑪格麗特餅乾

Lunettes & Marguerite
眼鏡餅乾&瑪格麗特餅乾

製作酥餅麵團，壓切形狀後在麵皮上挖洞，填入香甜可口的焦糖杏仁。組合方式與法式焦糖杏仁脆餅雷同，但眼鏡餅乾與瑪格麗特餅乾更薄更脆，輕爽的美味令人愛不釋手。酥餅中加入咖啡風味的眼鏡餅乾；原味麵團搭配可可麵團的瑪格麗特餅乾。

眼鏡餅乾

材料　約14片的份量

使用直徑9cm長條橢圓形模具

可可焦糖杏仁碎

砂糖	10g
蜂蜜	10g
鮮奶油	10g
可可粉	1g
熟可可粒	7g
杏仁碎	7g

咖啡多變切模類型麵團

低筋麵粉	70g
糖粉	25g
杏仁粉	25g
無鹽奶油	50g
牛奶	4g
即溶咖啡粉	3g

※若沒有熟可可粒，將杏仁碎增加到14g。

2 當焦糖煮出濃稠度且黏糊時就關火，加入可可粉、熟可可粒、杏仁碎，粗略攪拌一下。熬煮到收乾，但切記不能過乾，過乾變硬後就不好切。

5 請參照P.14製作咖啡風味的基礎多變切模類型麵團。這裡要以牛奶沖泡即溶咖啡粉加進去。在烘焙紙上將麵團擀成19cm×22cm大小的長方形麵皮，放進冰箱冷藏室緊實麵皮後再用橢圓形模具壓切形狀。間隔排放在鋪有烘焙紙的烤盤上備用。

3 用橡皮刮刀趁熱慢慢刮在烘焙紙上，排列成一條20cm長的長條棒狀。

製作方法

1 製作可可風味的焦糖杏仁碎。在鍋裡倒入砂糖、蜂蜜與鮮奶油，邊攪拌邊以小火熬煮。

4 用烘焙紙將3捲起來，並用尺等工具趁熱調整為圓柱狀。冷卻至常溫後就會凝固，然後再切成5mm大小。

Point

要特別注意，若切得太厚，烤焙時焦糖杏仁碎會因為融化而脫落。

瑪格麗特餅乾

1 請參照P.14製作基礎多變切模類型麵團，在烘焙紙上將麵團擀成20cm×20cm大小的正方形麵皮，放進冰箱冷藏室緊實麵皮。使用直徑4.5cm的菊花切模壓切形狀，排列在烘焙紙上，中心部位以直徑2.5cm圓形切模挖洞。

2 如同眼鏡餅乾一樣製作焦糖杏仁碎。這裡改以15g切碎的杏仁片取代可可粉、熟可可粒與杏仁碎。同樣於成型後分切成6～7mm大小。

3 將2填入麵皮圓洞裡，放入已預熱180度C的烤箱中烤焙5分鐘後，改170度C再烤焙7～8分鐘。

6 使用花嘴與擠花袋接縫的那一端開口在橢圓形麵皮上挖出2個直徑2cm的圓洞。開洞後再移動的話，麵皮會變形，所以請先將橢圓形麵皮排列在烘焙紙上後再挖洞。

7 將4填入圓洞裡。烤焙時焦糖融化就會填滿圓洞，所以烤焙前4沒有填滿圓洞沒有關係。

8 放入已預熱180度C的烤箱中烤焙13分鐘至整體呈金黃色。

巧克力瑪格麗特餅乾

將基礎多變切模類型麵團的低筋麵粉改為60g，並加入12g可可粉，以相同於原味瑪格麗特餅乾的方法製作麵團。以直徑4.5cm圓形切模壓切出圓形麵皮，再以直徑2.5cm圓形切模在中間挖洞。如同製作眼鏡餅乾將可可焦糖杏仁碎填入圓洞裡，放入烤箱中烤焙。

Ganache Sand
甘納許夾心

充滿可可香氣的麵皮烤得又薄又脆，裡面夾著濃郁香甜的黑巧克力甘納許，如同一人份小蛋糕般的精緻。靜置一段時間，麵皮與甘納許充分融合在一起，口感更加美味。甘納許中加入卡巴度斯蘋果酒，成熟香氣令成熟的大人也愛不釋手。

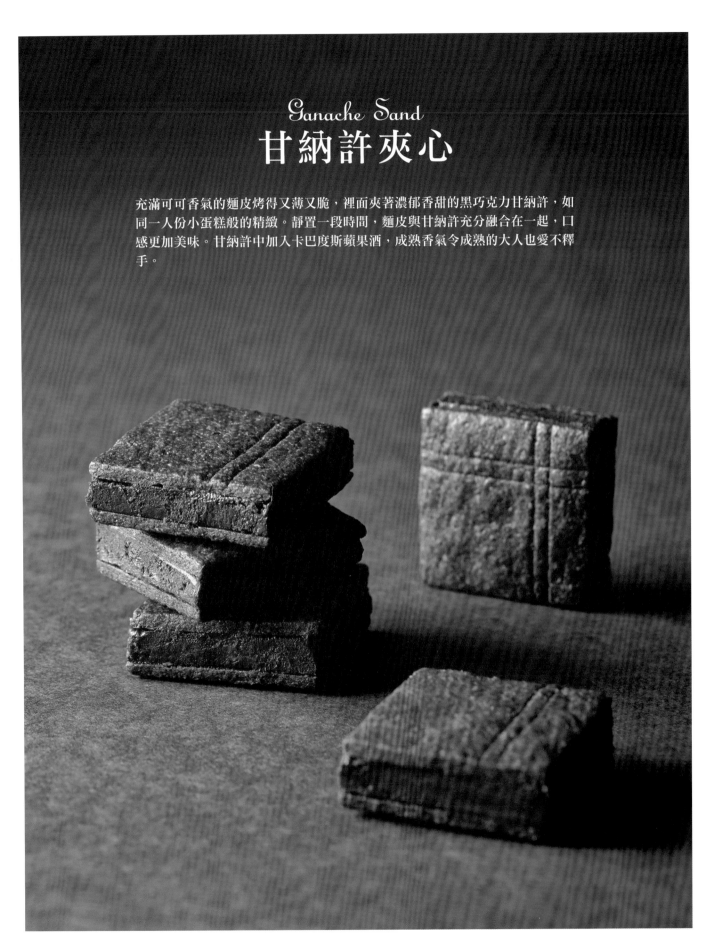

Ganache Sand
甘納許夾心

5 請參照P.14製作可可風味的基礎多變切模類型麵團，將粉料與可可粉一起加進去。在烘焙紙上將麵團擀成23cm×19cm大小的長方形麵皮，使用派皮滾刀切成邊長4.5cm大小的正方形。使用一般刀子也可以。雖然麵皮薄，但盡量分切成一樣大小。

6 使用直尺邊緣在各個正方形麵皮上壓出縱橫各2條直線。縱橫直線交叉處盡量錯開中心點。放進冰箱冷藏室備用。

3 加入卡巴度斯蘋果酒拌勻。

4 將3倒入1的框架中，抹平。放進冰箱冷凍庫一晚。

要充分攪拌至有光澤且有黏度，使其完全乳化。攪拌不足的話，容易油水分離，口感不佳。

材料 約10片的份量

甘納許・卡巴度斯蘋果酒

甜味黑巧克力
（可可脂含量55%）………… 165g

鮮奶油 …………………………… 100g

卡巴度斯蘋果酒
（蘋果白蘭地）………………… 15g

可可多變切模類型麵團

低筋麵粉 ………………………… 60g

糖粉 ……………………………… 25g

可可粉 …………………………… 12g

杏仁粉 …………………………… 25g

無鹽奶油 ………………………… 50g

牛奶 ……………………………… 4g

※選用硬幣形狀的甜味黑巧克力較為方便處理。若使用巧克力磚，則必須先切碎備用。

製 作 方 法

1 製作甘納許巧克力醬用的框架。將厚紙板剪成2cm寬的長條狀，製作一個19cm×15cm的長方框。連接處以訂書針固定，置於托盤上。裁剪一張適當大小的烘焙紙鋪在底部。

2 製作甘納許。將巧克力與鮮奶油倒入容器中，放入微波爐裡加熱。鮮奶油一開始冒泡沸騰就取出，使用打蛋器充分攪拌。

Point

柑曼怡香橙干邑甜酒風味

以1/6個刨絲柳橙皮與15g柑曼怡香橙干邑甜酒（柳橙風味的甜露酒）取代卡巴度斯蘋果酒製作甘納許，同樣夾在麵皮裡。

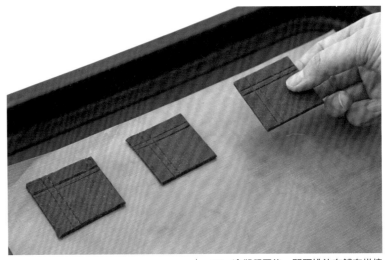

7 冷卻凝固後，間隔排放在鋪有烘焙紙的托盤上。因麵皮薄且易碎，移動時要小心且迅速。

8 放入已預熱180度C的烤箱中烤焙10～12分鐘，完全放涼備用。

9 從烘焙紙上取下甘納許。溫熱刀子將甘納許切成邊長4.5cm的正方形。每一刀都要重新擦拭刀子且重新溫熱刀子，這樣才能將甘納許分切得漂亮又工整。作業時盡可能加快速度，若甘納許開始變軟，暫時先將甘納許放回冰箱冷藏室，待凝固後再繼續作業。

10 將甘納許夾在 **8** 裡面。放進密封容器中，置於冰箱冷藏室裡保存。

Wienoises
維也納餅

結合可可麵團與甘納許，近似半生菓子的餅乾。甘納許擠花、巧克力醬披覆等以4種
不同方式裝飾。雖然費時費功夫，但宛如寶石般耀眼迷人的餅乾，最適合作為情人節
贈禮或款待賓客。完成後靜置1天再食用，味道與口感更佳。

三角維也納餅

夾心維也納餅

船形維也納餅

帽形維也納餅

Point

甘納許過軟，擠花時容易溢流；過硬，反而擠不出來。如圖所示，有點黏度的狀態最理想。另外，要特別留意一點，攪拌過度會造成油水分離。

❀ Variation ❀

帽形維也納餅

1 請參照P.14製作一半份量的基礎多變切模類型麵團，在烘焙紙上將麵團擀平成22cm×11cm大小的長方形麵皮，放進冰箱冷藏室緊實麵團。使用直徑3.5cm菊花切模壓切形狀。同夾心餅乾一樣製作甘納許，填入裝有7mm圓形花嘴的擠花袋中，在菊花麵皮上擠一個半球體。

2 將事先以180度C烤箱烘焙6～7分鐘的杏仁碎撒在甘納許上，再用湯匙舀少許以微波爐加熱變軟的樹莓果醬在最上面。

2 製作甘納許。將巧克力與鮮奶油倒入容器裡，放入微波爐中加熱。鮮奶油一開始冒泡沸騰就取出，使用打蛋器充分攪拌使其乳化。放進冰箱冷藏室冷卻凝固至適合擠花的硬度。

3 將甘納許填入裝有星形花嘴的擠花袋中，在已經烤好且中間沒有圓洞的餅乾上擠一圈甘納許。

4 中間舀上少許的覆盆子果醬。

5 將有圓洞的餅乾擺上去，並在圓洞中擠一些甘納許。最後再以1/4的榛果裝飾在甘納許上面。

夾心維也納餅

材料　大約9個份量

使用直徑3.5cm菊花切模、
直徑1cm圓形花嘴、8齒5號星形花嘴

可可多變切模類型麵團

低筋麵粉	30g
糖粉	12g
杏仁粉	12g
可可粉	6g
無鹽奶油	25g
牛奶	2g
精白砂糖（裝飾用）	適量

甘納許

甜味黑巧克力（可可脂含量55%）	60g
鮮奶油	30g
樹莓果醬	適量
榛果	3個

※選用硬幣形狀的甜味黑巧克力較為方便處理。若使用巧克力磚，則必須事先切碎備用。
※榛果放入已預熱180度C的烤箱中烘焙6～7分鐘備用。

製作方法

1 請參照P.14製作可可風味的基礎多變切模類型麵團，將粉料與可可粉一起加進去。在烘焙紙上將麵團擀成22cm×11cm大小的長方形麵皮，放進冰箱冷藏室緊實麵團。使用菊花切模壓切形狀，在半數菊花麵皮上以圓形花嘴在正中間挖一個圓洞，單面沾裹精白砂糖。放入已預熱180度C的烤箱中烤焙10分鐘。

船形維也納餅製作方法

1 將剩餘10等分的麵團揉成細長橢圓形。

2 填入船形模中,中心部位稍微向下壓。放入已預熱180度C的烤箱中烤焙13分鐘,趁熱脫膜,靜置一旁完全待涼。

3 使用抹刀將剩餘的甘納許平抹在**2**上,微調成船的形狀。放進冰箱冷凍庫使甘納許表面凝固

4 如同三角維也納餅的作法,將**3**倒著拿,讓甘納許與酥餅上半部浸在披覆用巧克力醬中。

5 趁巧克力醬尚未凝固之前,以烘焙過的杏仁片裝飾,並使用糖粉篩罐撒上防潮糖粉。

2 取其中10等分的麵團,揉圓後填入迷你塔模中,中心部位稍微向下壓。烤焙時中心部位會膨脹,若事先稍微向下壓,出爐時整體的厚度才會一致。

3 放入已預熱180度C的烤箱中烤焙13分鐘,趁熱脫膜,靜置一旁完全待涼。上下翻轉,以底部為正面加以裝飾。

4 參照P.81製作甘納許,放進冰箱冷藏室冷卻凝固至適合擠花的硬度。要特別留意過度攪拌的話,會導致油水分離。將甘納許填入裝有1cm圓形花嘴的擠花袋中,擠3個圓錐體。放進冰箱冷凍庫使甘納許表面凝固。

5 請參照P.11以隔水加熱方式融化披覆用巧克力。巧克力醬大致放涼後,將**4**倒著拿,讓甘納許與酥餅上半部浸在巧克力醬中,甩掉多餘的巧克力醬,撒上金粉裝飾。甘納許浸在巧克力醬中的時間若過久,會開始慢慢融化,所以動作要盡量加快。裝入密封容器中,置於冰箱冷藏室裡保存。

三角 & 船形維也納餅

材料 各10個份量

三角,使用直徑5cm迷你塔模與直徑1cm(10號)圓形花嘴;船形,使用長8cm船形模

巧克力酥餅麵團

低筋麵粉	60g
糖粉	25g
杏仁粉	15g
肉桂粉	少許
可可粉	5g
泡打粉	1g
無鹽奶油	35g
牛奶	10g
蛋黃	1個

甘納許

甜味黑巧克力(可可脂含量55%)	120g
鮮奶油	60g
披覆用巧克力(黑巧克力或牛奶巧克力)	約100g
金粉、杏仁片、防潮糖粉	適量

※選用硬幣形狀的甜味黑巧克力比較方便。若使用巧克力磚,則必須事先切碎備用。

※杏仁片先放入已預熱180度C的烤箱中烘焙5分鐘備用。

三角維也納餅製作方法

1 請參照P.24基礎冰箱小西餅類型麵團製作巧克力酥餅麵團。將肉桂粉、可可粉、泡打粉加入粉料中,再將牛奶與蛋黃一起加進去拌勻。撒上手粉(另外準備),將麵團揉成一團,用刀子分切成20等分。

Maple Marron Sand & Marron Sand
楓糖栗子夾心&黑糖栗子夾心

楓糖栗子夾心

黑糖栗子夾心

Maple Marron Sand & Marron Sand
楓糖栗子夾心&黑糖栗子夾心

楓糖口味的餅乾中間夾著以蘭姆酒調味的奶油糖霜與糖漬栗子。這是長年來深受世人喜愛的好滋味。葉片外型搭配好滋味，整體洋溢著秋天氣息。黑糖風味的變化款則多了一股日式和風的獨特美味。

2 間隔排放在鋪有烘焙紙的烤盤上。以小型橡皮刮刀或刀背在葉片上刻畫葉脈紋路。

4 製作奶油糖霜。請參照P.53製作義式蛋白霜，取35g使用。充分冷卻後，將恢復室溫且攪拌至變軟的奶油分2次加進去，充分拌勻。

3 放入已預熱180度C的烤箱中烤焙10～12分鐘，烤至整體呈金黃色。

Point

蛋白霜若沒有充分冷卻，奶油放進去時會融化，所以蛋白霜拌勻後務必完全放涼。

楓糖栗子夾心

材料　約12個份量	
使用長6.5cm葉片切模	
楓糖多變切模類型麵團	
低筋麵粉	70g
糖粉	10g
楓糖	15g
杏仁粉	25g
無鹽奶油	50g
牛奶	4g
奶油糖霜	
蛋白	30g
砂糖	60g
水	20g
無鹽奶油	70g
蘭姆酒	8g
糖漬栗子	適量

製作方法

1 請參照P.14製作楓糖風味的基礎多變切模類型麵團。加入糖粉的同時將楓糖一併加進去。在烘焙紙上將麵團擀成22cm×22cm大小的正方形麵皮，放進冰箱冷藏室緊實麵團。使用葉片切模壓切形狀。剩餘不完整的麵皮揉成團，同樣擀成相同厚度的麵皮再壓切形狀，總共要24片。

黑糖栗子夾心

1 以15g粉末狀黑糖取代楓糖製作麵團，擀平成同樣大小後放進冰箱冷藏室緊實麵團。使用直徑5cm圓形切模壓切形狀，排列在烘焙紙上。

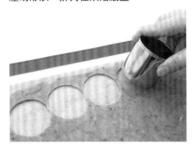

2 在半數圓形麵皮上擺放1/4等分的杏仁粒、榛果與切碎的開心果，稍微輕壓一下。不輕壓一下，出爐後容易脫落。

3 如同製作楓糖栗子夾心餅一樣，烤焙後擠上奶油糖霜，擺上糖漬栗子當夾心。

5 攪拌至飽含空氣且變白就完成了。加入蘭姆酒拌勻。

6 將奶油糖霜填入塑膠製擠花袋中，尖端剪一個7mm大小的開口。在半數的**3**背面擠2～3圈奶油糖霜，中間也擠一些。

7 在中間的奶油糖霜上面擺放一些撥開的糖漬栗子，蓋上另外一片葉片。裝入密封容器中，置於冰箱冷藏室裡保存。靜置一天後，餅乾與奶油糖霜會更加融合，口感與味道也會更好。

洋溢異國風情
伊朗的甜點情事

2014年秋天，我初次造訪伊朗，有機會接觸伊朗世界的甜點。伊朗人不喝酒，所以他們享受喝茶樂趣。而飲茶時最不可或缺的茶點就是堅果、海棗等水果乾，以及這裡即將向大家介紹的各式甜點。

在伊朗，無論男性或女性都非常喜歡甜食。伊朗的糕餅店裡如同日本般都擺滿琳瑯滿目的西方甜點、餅乾及冰淇淋等等，但不同之處在於店裡同時擺設有許許多多以玫瑰萃取的玫瑰水香味、番紅花香味調味的波斯餅乾。傳統波斯甜點的特色是大量使用楓糖與蜂蜜，口感較黏稠，甜度也較濃郁。

除此之外，還有各式各樣以特殊波斯風香氣調味，洋溢著異國情調的派餅。這些派餅出乎意料外的不甜不膩，口感酥脆，吃來也較無負擔。因為在外觀上下足了功夫，所以每塊餅乾的吸睛度幾乎都是百分之百。

雖然這些極具特色的糕餅在日本並不常見，但在伊朗，完美融合歐洲與中東文化的獨特甜點世界正持續默默孕育著。

我試著重現伊朗的下午茶場景。盤裡盛裝著鋪滿堅果，一口正好一個的酥脆餅乾，以及美味可口的水果乾。左手邊則是番紅花風味的黃色棒棒糖。搭配的茶飲是無糖紅茶，可將棒棒糖溶在紅茶裡作為砂糖用，也可以邊咬嚼棒棒糖邊啜飲紅茶。

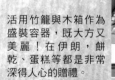

五彩繽紛的西方甜點，海綿蛋糕裡夾著鮮奶油霜與水果。當然了，所有蛋糕餅乾皆不含酒精。

活用竹籠與木箱作為盛裝容器，既大方又美麗！在伊朗，餅乾、蛋糕等都是非常深得人心的贈禮。

路上有不少販賣鄉土甜點的攤販。特殊漩渦模樣的小甜餅（Kuluche）是一款如饅頭般的餅乾，麵團裡包著核桃內餡，一口咬下，頓時散發出一股淡淡香料香氣。

西方糕餅的旁邊則陳列著使用薄派餅皮製作的波斯甜點。

學會擺設訣竅，
任何人都能晉升飯店等級

美麗裝盒，絕佳贈禮

接下來，讓我們一起挑戰一下裝盒技巧，讓收到的人從開啟盒蓋前到看見盒中內裝物的瞬間，每一秒都能充滿驚喜！在這個單元裡，將為大家介紹如何挑選適宜的禮盒、如何擺放，以及如何裝飾得美輪美奐。只要裝飾漂亮，餅乾也會隨之熠熠生輝。

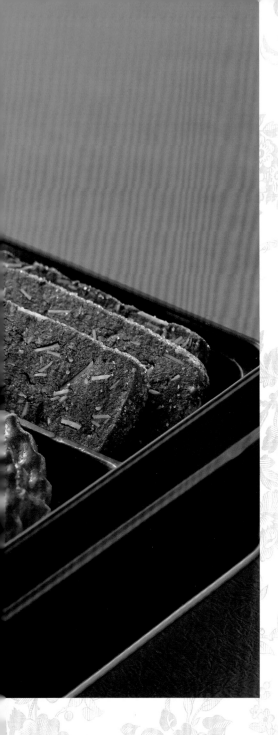

經典小餅乾，
美麗裝盒，
最講究的贈禮

　　沒有華麗的包裝，只有烤焙後呈現美麗金黃色的餅乾，讓我們一起試著美麗盛裝在穩重高雅的餅乾盒中。如老牌飯店的禮盒風格，最適合作為正式場合的贈禮。配合餅乾盒的內格調整餅乾大小，只要擺放得恰到好處，整體便會顯得高雅且美味可口。

　　這種餅乾盒通常都有極為不錯的密封效果，只需要在內格底下放入乾燥劑，再以透明膠帶確實黏緊盒蓋，就能避免餅乾受潮，保持如剛出爐般的酥脆可口。

❶ 圓盤奶酥（P.72）
配合內格大小，使用直徑3.5cm菊花切模。上方的擠花則使用8齒3號星形花嘴。

❷ 眼鏡餅乾（P.74）
小餅乾旁邊擺放一些尺寸較大的餅乾，可以平衡視覺。

❸ 薔薇（P.35）
這裡的薔薇餅乾稍微烤小一點。擺放一些以白色糖粉裝飾的餅乾，可以成為沉穩色調中的吸睛焦點。

❼ 斑馬餅乾（P.28）

條紋圖案的正統沙布蕾酥餅令人留下深刻印象，往往都是餅乾禮盒中的第一主角。只要先將主角擺入盒中就定位，其餘的搭配就會簡單許多。

❽ 可可沙布蕾酥餅（P.26）

製作成一口一個，好拿取的大小。

❾ 鏡面風小餅（P.65）

紅色、黃色的餅乾各一種，樸素中增添一點華麗感。

❹ 磚瓦餅乾（P.28）

不要上下堆疊，改以立起方式排列，稍微斜靠也能擺得非常美觀。

❺ 鹽味沙布蕾酥餅（P.50）

加一種甜鹹口味的餅乾，在口味上創造變化。配合內格大小，烤出葉片形狀的餅乾。

❻ 瑪格麗特餅乾（P.74）

使用小一點，直徑大約3.5cm菊花切模製作。添加不同風味粉，打造多樣化。

迷你糖果盒

❶ 女公爵餅（P.41）
依照食譜製作夾心種類的女公爵
餅。

❷ 瑪格麗特餅乾（P.74）
使用直徑3.5cm菊花切模製
作。

❸ 可可沙布蕾酥餅（P.26）
將麵團滾成直徑1.5～2cm長條
棒狀，切片後放入烤箱中烤焙。

❹ 可可‧開心果沙布蕾酥餅
（P.26）
依照食譜製作。

❺ 磚瓦餅乾（P.28）
塑型成切面為3cm×1.5cm的長
方體，切片後放入烤箱中烤焙。

❻ 基礎多變切模類型餅乾
（P.14）
使用直徑3.5cm菊花切模製
作，最後塗刷上皇家糖霜。

茶葉罐

❼ 鹽味沙布蕾酥餅（P.50）
使用直徑4cm菊花切模製作。

❽ 鹹酥餅（P.60）
依照食譜製作。

活用可愛空罐，
變身迷你尺寸的贈禮

　　將原本盛裝紅茶或糖果的漂亮空罐丟掉，實在太可惜了！這些空罐、空
盒都具有不錯的密封性，用來保存餅乾最恰當了。建議烤焙成迷你尺寸的
餅乾，隨興致擺放，增添個人風格。

利用透明空盒
為多采多姿的餅乾
添姿增色

　　將五顏六色的餅乾裝入透明塑膠盒中，繽紛色彩一目了然，瞬間變身成最活潑生動的贈禮。底下放入乾燥劑，再以透明膠帶封蓋，密封性雖不及瓶罐，但風味也能保存好一陣子。當禮物致贈親友時，別忘了提醒對方盡早食用完畢。

❶ 麥嵐綺餅乾（P.30）
以麥嵐綺餅乾為基準，其他餅乾的尺寸盡量配合麥嵐綺餅乾的大小，這樣整體才會一致。

❷ 聖誕餅（P.38）
依照食譜製作馬蹄形聖誕餅。

❸ 蒙蒂翁・沙布蕾酥餅（P.18）
使用小一號直徑3.5cm菊花切模製作。

❹ 小丑（P.16）
使用蔬菜專用切模製作小花。

❺ 林茲・沙布蕾酥餅（P.20）
使用小葉片切模製作。

❻ 圓盤奶酥（P.72）
使用直徑3.5cm菊花切模製作。擠花時則使用8齒3號星形花嘴。

想要整體更顯高貴優雅，
選用鵝蛋形紙盒

即便是市面上最常見的紙盒，只要外觀形狀稍加改變，給人的感覺也會隨之煥然一新。特別是鵝蛋形紙盒，看起來格外高貴優雅。在如此雅致的盒中，讓我們來擺放一些淋上巧克力醬、撒上金粉的精緻餅乾吧。因紙盒邊緣有弧度，所以我們盡量多放一些有相同曲線的餅乾，如此一來既美觀又容易裝盒。

另一方面，為避免餅乾油脂滲入紙盒底部，將餅乾裝盒之前，記得先鋪上烘焙用蠟紙。另外，因紙盒的密封性不佳，為避免餅乾變質，請盡早食用完畢。

❶ 林茲・沙布蕾酥餅（P.20）

將形狀與顏色都較具衝擊性的林茲・沙布蕾酥餅擺在正中間，如此一來，可以給人既強烈又獨特的第一印象。

❷ 米蘭酥餅（P.36）

米蘭酥餅既薄又纖細的外觀使整體看來更優美雅緻。沿著盒子邊緣擺放。

❸ 蛋白霜餅乾（P.52）

外型輕巧可愛，口感清爽不甜膩，蛋白霜餅乾在這盒餅乾中也是一大重點。

❹ 巧克力蝴蝶餅（P.20）

擺放一些有弧度的餅乾，能夠更加強調餅乾盒柔美圓潤的線條。金粉裝飾更顯餅乾的高貴華麗。

❺ 圓盤奶酥（P.72）

加入擠花類型的餅乾，會使整體更顯優雅。果醬豔麗的顏色更具有增添亮眼光彩的功效。

❻ 女公爵餅（P.41）

細縫部分就以小餅乾填滿。

❼ 維也納鬆餅（P.68）

擺放四方形餅乾時，不需要硬是沿著盒子邊緣擺放，可使用一些尺寸較小的餅乾填補細縫。

❽ 可可路克絲（P.22）

加入巧克力色彩的沙布蕾酥餅，使整體更顯成熟穩重。

迷你多層盒，
最佳日式和風贈禮

過年期間款待客人時，要不要試著以多層漆盒盛裝洋溢著日式風情的餅乾呢！在小漆盒中（照片中為邊長15cm的漆盒）如盛裝過年料理般擺滿各式各樣的餅乾，整體散發出一股高雅的氣質。除了使用日式食材製作的餅乾外，擺放一些以巧克力醬裝飾的餅乾也是不錯的選擇。

第一層（照片上方）

和風沙布蕾酥餅（P.47）

並非隨性擺放，而是依照餅乾的外型加以區分，這樣才具有整體性。

第二層（照片中間）

❶ **甘納許夾心**（P.77）
❷ **楓糖栗子夾心**（P.83）
❸ **黑糖栗子夾心**（P.83）

將需要冷藏的夾心類餅乾擺放在一起。沉穩的色調與黑色漆盒非常合拍。

第三層（照片最前方）

西班牙傳統小餅（P.58）

如日式傳統和菓子「落雁」般的口感，非常適合作為茶點。整齊排列在一起，空氣中瀰漫著一股濃濃的和風情調。

五彩繽紛地盛裝在
和風茶罐中

和風圖樣的小盒子搭配和風外型的餅乾，一股難以言喻的濃濃日本風。輕巧可愛又不易受潮，最適合作為贈禮。一份外國人也十分開心的禮物！

❶ **和風貓舌餅乾**（P.47）

❷ **和風沙布蕾酥餅**（P.47）

TITLE

花漾美感　手作餅乾美化技法

STAFF

出版	瑞昇文化事業股份有限公司
作者	熊谷裕子
譯者	龔亭芬

總編輯	郭湘齡
責任編輯	黃思婷
文字編輯	黃美玉　莊薇熙
美術編輯	朱哲宏
排版	二次方數位設計
製版	昇昇興業股份有限公司
印刷	桂林彩色印刷股份有限公司
法律顧問	經兆國際法律事務所　黃沛聲律師

戶名	瑞昇文化事業股份有限公司
劃撥帳號	19598343
地址	新北市中和區景平路464巷2弄1-4號
電話	(02)2945-3191
傳真	(02)2945-3190
網址	www.rising-books.com.tw
Mail	resing@ms34.hinet.net

本版日期	2016年11月
定價	280元

國家圖書館出版品預行編目資料

花漾美感:手作餅乾美化技法 / 熊谷裕子著；
龔亭芬譯. -- 初版. -- 新北市:瑞昇文化,
2016.08
96　面；25.7 X 20　公分
ISBN 978-986-401-116-2(平裝)

1.點心食譜

427.16　　　　　　　　　105014533